Rudolf Taschner

RECHNEN MIT GOTT UND DER WELT

Rudolf Taschner

RECHNEN MIT GOTT UND DER WELT

Betrachtung von allem plus eins

ecowin

Rudolf Taschner
Rechnen mit Gott und der Welt
Betrachtung von allem plus eins

Umschlagidee und -gestaltung: kratkys.net X

1. Auflage

Lektorat: Dr. Arnold Klaffenböck
Autorenfotos am Umschlag: Martin Vukovits
Gesamtherstellung: www.theiss.at
Gesetzt aus der Sabon
Printed in Austria
ISBN 978-3-902404-78-7

1 2 3 4 5 6 7 8 / 11 10 09

www.ecowin.at

Inhaltsverzeichnis

Vorwort 9

Mathematik und der Himmel 11
Die Sterne gehorchen den Zahlen 11
Der Äther 15
Das Zentralfeuer 18
Der Verlust der Mitte 21
Sterndeutungen 24
Finsternisse 27

Mathematik und Kunst 33
Der Goldene Schnitt 33
Gödel – Escher – Bach 38
Eine Bildergalerie 41
Die Kunst des Betrachtens 44

Mathematik und das Leben 47
Was ist Leben? 47
Zahl und Zählen 51
Totes und Lebendiges auf einer Skala 53
Das Leben und die freie Wahl 56

Mathematik und Wirtschaft 59
Tauschen – Täuschen – Rechnen 59
Zeit ist Geld 61
Zinseszins 63
Arbitrage und Spekulation 66

Mathematik und das Licht 71
Das Geschöpf des ersten Tages 71
Brechung 74
Reflexion 76
Quantenregeln für das Licht 81
Noch einmal: Reflexion 83
Beugung 86
Interferenz 89
Noch einmal: Brechung 92
Stückwerk ist unser Wissen 95

Mathematik und Moral 99
Von Budapest nach Princeton 99
Die Bombe und der Computer 103
Eine österreichische Erfindung 105
Ultimatum 109
Das Gefangenen-Dilemma 110
Das Gute jenseits des Spiels 114

Mathematik und die Schöpfung 117
Wissen und Glaube 117
Unheimliche Wandelbarkeit 122
Wahrscheinlichkeit und Zufall 125
Ein unhaltbarer Standpunkt 129
Kann das alles Zufall sein? 132

Mathematik und Klang 135
Was ist Schall? 135
Saitenlängen und Obertöne 139
Tonfarben 142
Konsonanz 145
Fouriers Summen 146

Mathematik und der Fußball 151
Der Ball ist rund 151
Das Ikosaeder 155
Die Fußballkonstruktion 158
Überall Fußball 161

Mathematik und Religion 165
Ein Exzentriker 165
Der endliche Kosmos 169
Das Unendliche bei Gott 172
Das Unendliche auf Erden 175
Die Entzauberung des Himmels 177
Die Welt als Bühne 180
Die Welt als Entwurf 183
Das Unendliche als Grenzbegriff 188
Die Einheit des Bewusstseins 190
Jenseits der Mathematik 192

Ausgewählte Literatur 195

Abbildungsnachweis 203

Register 205

Vorwort

Man muss mit allem rechnen.

Nimmt man dieses geflügelte Wort ernst, vor allem das darin vorkommende „rechnen“, überschätzt man möglicherweise das, was Zählen, Addieren, Multiplizieren, Dividieren und andere Kalküle zu leisten vermögen. Denn öfter, als man es wahrhaben will, ist man dem Unabsehbaren, dem Überraschenden, dem Unberechenbaren ausgeliefert.

Kann man die Grenzen dessen, was sich berechnen lässt, erahnen?

In diesem Buch wird versucht, aus der Sichtweise der Mathematik ein paar Gedanken darüber zu äußern. Keinesfalls im Stile eines mathematischen Werkes. Nicht von der Mathematik selbst wird hier berichtet, sondern mit mathematischen Augen staunend auf eine bunte Palette von Themen geblickt, reichend vom Himmel bis zur Kunst, vom Leben bis zur Wirtschaft, vom Licht bis zur Moral, von der Schöpfung bis zum Klang, vom Fußball bis zur Religion. In all diesen Bereichen hat die Mathematik ihre Hand im Spiel, aber völlig der Mathematik unterworfen ist nichts von alldem. Das Buch hat sein Ziel erreicht, wenn es auch seine Leserinnen und Leser zum Staunen darüber verführt, wie viel und zugleich wie wenig man mit Mathematik zu verstehen imstande ist.

Einige der Kapitel des Buches, die jedes für sich unabhängig von den anderen gelesen werden können, sind überarbeitete Fassungen von Aufsätzen oder von Vorträgen, die im Rahmen des von den österreichischen Ministerien für Unterricht, für Wissenschaft und für Innovation unterstützten Projektes math.space entstanden sind: einer im Wiener MuseumsQuartier eingerichteten Institution, die sich der Verbreitung von Mathematik widmet und diese als eine eminente kulturelle Errungenschaft einer breiten Öffentlichkeit präsentiert. Eine Fülle von Anregungen erhielt ich von Kolleginnen und Kollegen, Studentinnen und Studenten der Technischen Universität Wien sowie von vielen Hörerinnen und Hörern meiner Vorträge.

Viel besser als mit einem Text gelingt das Verführen zum Staunen mit Bildern. Vor allem dann, wenn diese von einem unübertroffenen Meister seines Faches, wie es Erich Lessing ist, stammen. Das Erich Lessing Kunst- und Kulturarchiv hat sie für die Veröffentlichung in diesem Buch großzügig zur Verfügung gestellt.

Hannes Steiner, der engagierte und begeisternde Verleger des beeindruckend innovativen und erfolgreichen Unternehmens Ecowin, hat mich in jeder Phase bei der Entstehung der vorliegenden Schrift unterstützt. Ihm und seinen allen Wünschen eines Autors gegenüber aufgeschlossenen und hilfsbereiten Mitarbeiterinnen und Mitarbeitern sei herzlichster Dank bekundet.

Vor allem danke ich Bianca, meiner Frau, die mir in allen Belangen zur Seite steht. Sie und unsere Kinder gaben mir den stärksten Rückhalt beim Erwägen, beim Staunen und beim Schreiben.

Mathematik und der Himmel

Die Sterne gehorchen den Zahlen

Warum nicht an der Donau? Warum nicht am Inn? Warum nich am Rhein?

Warum sind die ersten Hochkulturen vor mehr als 5000 Ja ren nicht hier bei uns in Mitteleuropa entstanden, sondern a Nil, an Euphrat und Tigris?

Schuld daran, so darf man vermuten, war wohl das Wet Denn Ägypten, durch das der Nil fließt, und das nach Eupl und Tigris benannte Zweistromland sind Wüstengegenden. Ir nen herrscht praktisch zu jeder Nacht ein prachtvoll strahle Sternenhimmel. Fast nie wird er von Wolken getrübt. Den s Glanz des Himmels empfanden seit jeher die Menschen als mos – ein griechisches Wort, das zugleich Ordnung und Schö bedeutet. Unser Wort Kosmetik wird ja von ihm abgeleitet

Im Kosmos, so vermuteten die Völker Ägyptens ur Zweistromlandes, verwirklichen sich die Götter. Im Vergl ihrem himmlischen Reich ist das irdische Jammertal das teil von Kosmos: Chaos.

Es war der griechische Philosoph Aristoteles, der di scheidung zwischen dem Chaos hier bei uns und dem entrückten Kosmos am deutlichsten formulierte: Die n Bewegung im sogenannten sublunaren Bereich, also in Gefilden unterhalb des Mondes, ist die geradlinige Be Entweder vom Erdboden weg in die Höhe: sie wird von Fe Luft vollzogen. Oder aber von der Höhe herab in die T sind Wasser und Erde unterworfen. Die vier Elemente de dokles – Feuer, Luft, Wasser, Erde – folgen aus der Sicht d toteles diesen Gesetzen des sublunaren Bereichs. Trotzdem sind ihre Bewegungen unvollkommen, müssen es sein. Denn die mathematisch ideale Gerade besitzt keine Enden. Die senkrechten Bewegungen, ob auf oder ab, von Feuer, Luft, Wasser, Erde hingegen kommen irgendwann zum Stillstand. Und für alle anderen Bewegungen im sublunaren Bereich, meinte Aristoteles, ist Kraft vonnöten: Ein Ochsenkarren bewegt sich nicht von selbst. Die Ochsen müssen ihn ziehen. Und wenn sie erlahmen, bleibt der Karren stehen.

Ganz anders, so Aristoteles, ist es mit dem translunaren Bereich bestellt, den ab dem Monde beginnenden himmlischen Gefilden, in denen sich alles auf Kreisen bewegt. Die Wandelsterne selbst, glaubte er, sind perfekte mathematische Kugeln. Zwei von ihnen, Mond und Sonne, sehen wir sogar als solche. Sie alle sind auf gigantischen kristallenen Kugelschalen angeheftet, die konzentrisch um die Erde angeordnet sind. Die innerste der Kugelschalen ist jene des Mondes, er bewegt sich nämlich am schnells-

Abb. 1: Das Universum des Aristoteles: Im Zentrum befindet sich die kugelförmige Erde, um die konzentrisch die sieben Sphären der Wandelsterne und die achte Sphäre der Fixsterne angeordnet sind.

ten entlang des Fixsternzeltes. Danach folgt die Sphäre des nächstschnellsten Himmelskörpers, des Merkur. Seiner Geschwindigkeit verdankt er seinen Namen, ist doch Merkur der Götterbote und auch der Gott der Händler und der Diebe. (Anscheinend hatte man in der Antike zwischen diesen beiden Gilden noch nicht so scharf getrennt wie heute.) Danach folgen die Sphären von Venus, von Sonne, von Mars, von Jupiter und von Saturn. Schließlich, als letzte und größte Sphäre, die im Unterschied zu den anderen durchsichtigen fast überall pechschwarz ist, bleibt jene der Fixsterne und der Milchstraße. Insgesamt sind es acht Sphären, jene der Fixsterne mitgezählt, welche die Bühne des Kosmos bilden.

An anderer Stelle, in meinem Buch „Zahl Zeit Zufall“, wird beschrieben, wie in der Neuzeit die Astronomen die Sphären des Aristoteles zerbrochen hatten und ein völlig anderes Weltbild konstruierten. Hier jedoch wollen wir noch ein wenig in der Antike verharren, sogar über Weltbilder berichten, die vor Aristoteles entworfen wurden.

Bei Aristoteles spielen offenkundig die Zahlen Vier und Acht eine wichtige Rolle. Denn es gibt die vier Elemente Feuer, Luft, Wasser, Erde, aus denen die sublunare Welt besteht. Dem dürfte eine sehr alte zahlensymbolische Überlieferung zugrunde liegen, wonach die Zahl Vier für die Welt steht: Es gibt die vier Tageszeiten Morgen, Mittag, Abend, Nacht, die vier Jahreszeiten Frühling, Sommer, Herbst, Winter, die vier Himmelsrichtungen Nord, Süd, Ost, West, die vier vom antiken Arzt Hippokrates genannten Temperamente des Sanguinikers, des Melancholikers, des Cholerikers, des Phlegmatikers, die vier Evangelisten Matthäus, Markus, Lukas, Johannes, die vier letzten Dinge, die des Schuldknechts Weib in Hugo von Hofmannsthals „Jedermann“ nennt: den Tod, das Gericht, die Verdammnis, den Himmel. Es mag sein, dass die sehr stabil wirkende Figur des Quadrats diese hervorragende Stellung der Zahl Vier hervorrief. Jedenfalls spielt diese Zahl sogar bis in unsere Tage eine subtil mystische Rolle: Klassische Symphonien und Streichquartette besitzen vier Sätze, das Streichquartett als die spätestens seit Joseph Haydn bevorzugte Kammermusikformation besteht aus vier Spielern, und die Violine, die Viola sowie das Cello besitzen jeweils vier Saiten. Es gibt vier Erzengel, zum jüdischen Pessach werden am Beginn der Zeremonie vier Fragen gestellt, und es wird vier Mal Wein getrunken. Ja sogar der hebräische Name Gottes besteht – wie auch das deutsche Wort Gott – aus vier Buchstaben, es ist das berühmte Tetragramm JHWH. Auch auf Christi Kreuz findet man ein Tetragramm, nämlich INRI. Die Kartenspiele kennen die vier Farben Treff, Karo, Pik, Herz. Die Beatles schließlich waren „The Fab Four“.

Andererseits kennt Aristoteles acht Sphären in der translunaren Welt, welche die beweglichen Himmelskörper und die Fixsterne tragen. Die Zahl Acht war daher seit jeher in der Architektur von großer Bedeutung. Denn die Kuppelbauten der großen Kathedralen, beginnend mit der von allen Künstlern und Baumeistern bewunderten Kuppel des Doms von Florenz, errichtet von Filippo Brunelleschi, bestehen meist aus acht riesigen Sektoren, die von einem in acht Bögen geteilten Grundkreis ausgehend in die Höhe weisen. Stellt doch die Kuppel ein Abbild des Himmelsgewölbes hier auf Erden dar, und eben acht Sphären besitzt dieses Gewölbe. Auch die Kirchtürme, die zwar nicht bis in den Himmel ragen, wohl aber auf ihn weisen, sind, wenn nicht über einem vierseitigen Quadrat, typischerweise über einem regelmäßigen Achteck errichtet. Eine berühmte Ausnahme von dieser Regel findet man beim Turm der Wiener gotischen Kirche Maria am Gestade. Bei ihr ist der Turm über einem Siebeneck errichtet. Dies mag

Filippo Brunelleschi (1377–1446)

vielleicht auf die sieben Freuden der Gottesmutter Maria, der diese Kirche gewidmet ist, verweisen: der Verkündigung durch den Engel, der Geburt Christi, der Verehrung durch die Weisen aus dem Morgenland, der Auferstehung Christi, der Himmelfahrt Christi, der Herabkunft des Heiligen Geistes zu Pfingsten, der Krönung Mariens im Himmel. Doch es gibt Kunsthistoriker, die meinen: Auch der Turm von Maria am Gestade hätte eigentlich über einem regelmäßigen Achteck errichtet werden sollen. Die Bauleute haben sich bloß verzählt ...

Der Äther

Versteckt hinter vier und acht als Bauelemente des aristotelischen Weltbildes ist die Zahl Fünf zu entdecken. Denn in Wahrheit, so Aristoteles, gebe es neben den vier Elementen des Empedokles noch ein fünftes, sie alle durchdringendes und den gesamten Kosmos erfüllendes Element, die sogenannte quinta essentia, die fünfte Wesenheit, unser Wort Quintessenz rührt daher: den Äther. Es ist, so deutete Aristoteles an, das Lichtelement. Mit ihm erst gelingt es, die Strahlen der Sonne, des Mondes und der Sterne wahrzunehmen.

Die Idee des Äthers stammt aus den ältesten Schichten griechischer Weisheitslehre. Pythagoras meinte, dass aus dem Äther eine allumfassende, Leben spendende Kraft ausginge.

Christiaan Huygens (1629–1695)

Der Begriff „Äther“ kann auf eine wechselhafte Geschichte zurückblicken: War er einst in der griechischen Götterwelt die Personifikation der reinen Luft, welche nur die Ewigen atmen, sank er bei den Pythagoreern zu einem in der Natur vorhandenen Stoff herab. Aristoteles sieht in ihm das Lichtelement. Diese Vorstellung wird in der Neuzeit vom brillanten Naturforscher und Mathematiker Christiaan Huygens übernommen, der meinte, Licht breite sich wie der Schall aus. Aber der Schall benötigt gewöhnlich als Ausbreitungsmedium die Luft. Nicht dadurch vermögen wir zu hören, dass beim Schall Luftteilchen von der Schallquelle ins Ohr geschleudert würden, sondern dadurch, dass die gesamte Luft des vom Schall erfüllten Raumes zum Schwingen gebracht wird und schließlich diese Schwingungen der Luft unser Trommelfell erreichen. Die Schallquelle erzeugt Schallwellen. Beim Licht, so glaubte Huygens, wäre es nicht die Luft, sondern der alles durchdringende Äther, dessen Schwingungen die Lichtwellen entstehen lassen. Hängt man eine elektrische Klingel unter einem Glassturz auf und saugt man aus diesem die Luft heraus, läutet die Klingel zwar munter weiter, aber man kann sie nicht mehr hören. Denn die Luft, welche ihren Schall tragen sollte, ist ihr unter dem Glassturz entzogen worden. Doch den Äther kann man nicht aus dem Glassturz saugen: Obwohl in ihm keine Luft mehr vorhanden ist, gesehen wird die Klingel, bei der unhörbar der Klöppel wie wild gegen das Metall schlägt, noch immer.

Der Äther, so stellte man im Gefolge von Huygens fest, muss ein sehr eigenartiger Stoff sein. Man fühlt ihn nicht, und trotzdem scheint er alles zu durchdringen. Die Erde zieht auf ihrem Weg um die Sonne mit einer Geschwindigkeit zehn Mal schneller als eine fliegende Kanonenkugel an ihm vorbei, und dennoch weht kein „Ätherwind". Weil die Geschwindigkeit einer Welle umso größer ist, je steifer das Medium ist, aus dessen Schwingungen die Welle gebildet wird, sollte der Äther bei der enormen Lichtgeschwindigkeit extrem steif sein. Schall breitet sich zum Beispiel entlang eines Metallstabes rund zehn Mal so schnell aus wie in der Luft. Und das Licht ist im Vakuum oder in der Luft rund eine Million Mal schneller als der Schall in der Luft. Aber kein Messgerät kann den Äther registrieren.

Schließlich befand Albert Einstein zu Beginn des vorigen Jahrhunderts, dass es den Äther gar nicht gibt. Im Gegensatz zu Huygens hatte nämlich Isaac Newton gemeint, dass sich Licht keineswegs wie eine Welle im schwingenden Äther fortpflanze, sondern dass es Lichtteilchen gebe. Einstein nannte sie, inspiriert vom griechischen Wort phōs für Licht, Photonen. Sie werden von der Lichtquelle weggeschleudert und reizen schließlich in unserem Auge die Netzhaut so, dass wir ein Leuchten wahrnehmen. Einstein war ein Verfechter der Vorstellungen Newtons. Damit konnte er nämlich Effekte erklären wie zum Beispiel die Art und Weise, wie Licht eine photographische Platte zu schwärzen vermag. Solche Effekte zu verstehen, gelingt mit der Wellentheorie von Huygens nicht. Dafür – und nicht, wie oft geglaubt wird, für die Relativitätstheorie – erhielt Einstein den Nobelpreis zuerkannt. Allerdings blieben andere Effekte, welche die von Huygens betriebene Vorstellung der Lichtwellen zu bestätigen schienen, von Einsteins Photonentheorie unerklärt. Aber das bekümmerte den damals noch sehr jungen und in der Forschheit seiner Gedanken impulsiven Einstein nicht.

Dass wir nicht im Äther wie Fische in einem Meer schwimmen, das wir überhaupt nicht registrieren, sondern dass es diesen Äther gar nicht gibt, war für die Physik des beginnenden 20. Jahrhunderts eine Art Befreiung von einer unerklärlichen Last. Doch damit ist die Geschichte nicht zu Ende. Denn jetzt, zu Beginn des 21. Jahrhunderts, feiert der Begriff Äther fröhliche Urständ. Mit Äther wird nämlich jene geheimnisvolle dunkle Energie bezeichnet, die vor mehr als 13 Milliarden Jahren knapp nach dem ominösen „Urknall“ das sogenannte „inflationäre Universum“ gebildet haben soll. Genaueres darüber wird in dem schönen Buch „Kann das alles Zufall sein?“ von Heinz Oberhummer erläutert. Aber worum es sich bei dieser dunklen Energie, vulgo Äther, in Wahrheit handelt, weiß derzeit niemand. Und es gibt einige ernst zu nehmende Skeptiker, die meinen, auch dieser Äther könnte sich, wie seinerzeit der Äther, der von Huygens als Medium der Lichtwellen erfunden wurde, in buchstäblich nichts auflösen.

Das Zentralfeuer

War bei Aristoteles neben den Zahlen Vier und Acht auch die Zahl Fünf bedeutsam, war es Jahrhunderte früher bei Pythagoras die Zahl Zehn, die seiner Meinung nach „allvollkommene Zahl", die Zahl der „Panteleia". Sie wird als Dreieckszahl 10 = 1 + 2 + 3 + 4 symbolisiert: Unter einen Punkt werden zwei, darunter drei und darunter vier gesetzt. In diesem Symbol, so vermuteten die pythagoreischen Meister, ist der gesamte Kosmos verborgen, getreu ihrem Wort „eins – der Punkt, zwei – die Linie, drei – die Fläche, vier – der Raum: damit hast du die Welt verstanden". Das Universum, für die Pythagoreer ist es ein Kunstwerk. Möglicherweise, sowohl aus biblischer als auch aus moderner Perspektive, gar nicht so falsch gedacht: Die Schöpfung – ein Ready-made, mit ein wenig Aleatorik im Spiel, in sechs Tagen scheinbar wie von selbst entstanden und am siebenten Tag (in diesem leben wir jetzt) in Ruhe gelassen, an einem künftigen achten Tag vielleicht vollendet.

Die Musik enthüllt jedenfalls nach pythagoreischer Auffassung die Zahl der Panteleia: Das in der Dreieckszahl 10 = 1 + 2 + 3 + 4 aufzufindende Verhältnis 1 : 2 kennzeichnet die Oktav, das in ihr aufzufindende Verhältnis 2 : 3 die Quint, das in ihr aufzufindende Verhältnis 3 : 4 die Quart. Aus diesen konsonanten Intervallen werden, der antiken griechischen Sicht folgend, die

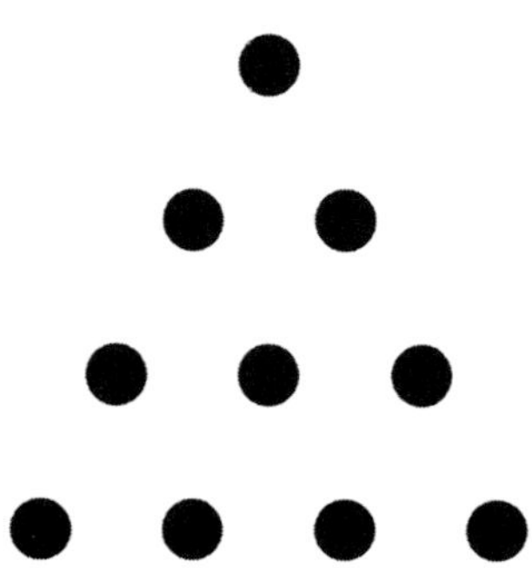

Abb. 2: Die Zahl 10 wird von den Pythagoreern als Dreieckszahl 10 = 1 + 2 + 3 + 4 symbolisiert.

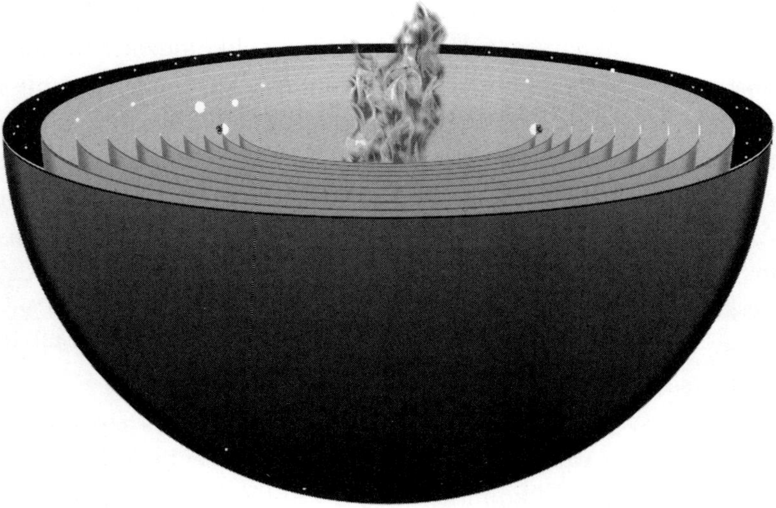

Abb. 3: Das Universum des Pythagoras: Im Zentrum befindet sich das Zentralfeuer, um das in den beiden innersten Sphären die Gegenerde und die Erde kreisen. Danach kommen die Sphären von Mond, Sonne, der sichtbaren Planeten und zuletzt die Sphäre der Fixsterne.

Harmonien der Töne erzeugt. Im Kosmos aber ist die Zahl Zehn zugleich nach der folgenden schönen Theorie verwirklicht:

Die Erdkugel – Pythagoras war überzeugt, die Erde sei eine Kugel, denn nur die Kugel war in seinen Augen der in seiner Symmetrie vollkommene geometrische Körper – umkreist auf einer Sphäre in 24 Stunden den im Kosmos ruhenden Mittelpunkt dieser Sphäre. Dort befindet sich ein Zentralfeuer, das den gesamten Kosmos erleuchtet. Es ist aber nicht die Sonne. Dem Zentralfeuer wendet die Erde immer die gleiche Seite zu, ähnlich wie auch uns der Mond immer die gleiche Seite zeigt. Nur die vom Zentralfeuer abgewandte Seite der Erde ist bewohnt, die ihm zugewandte Seite hingegen wegen der großen Hitze unbewohnbar. Auf die Erdsphäre folgen, ebenfalls mit dem Zentralfeuer als Zentrum, die Sphären von Mond, von Sonne, von Merkur, Venus, Mars, Jupiter, Saturn und schließlich die Sphäre der Fixsterne. Das Zentralfeuer umgeben folglich neun Sphären, aus denen des Pythagoras Kosmos besteht. Eine Sphäre jedoch fehlt, denn ein vollkommener Kosmos darf nach pythagoreischer Lehre nicht aus neun, sondern er muss aus zehn Kugelschalen bestehen. Also forderte Pythagoras, dass es zwischen dem Zentralfeuer und der Erdsphäre eine weitere Sphäre gebe, die auch einen Himmelskörper trägt. Pythagoras nannte ihn Antichthon, die Gegenerde. Diese befindet sich, so glaubte er, immer auf der Verbindungsgeraden zwischen Zentralfeuer und Erde, sie könnte also nur von der unbewohnten Seite der Erde aus erblickt werden. Aber dort kann niemand wegen der großen Hitze existieren, und darum sieht auch keiner diese Gegenerde.

Es ist schön zu beobachten, wie schon damals ein großer Philosoph, nur weil es in seine Theorie passt – bei Pythagoras die Theorie von der Vollkommenheit der Zahl Zehn –, die Wirklichkeit so zu manipulieren versteht, dass die Wirklichkeit seiner Theorie gehorcht und nicht umgekehrt.

Obwohl, dies sei zur Ehre des Pythagoras gesagt, ganz abwegig war seine Vorstellung von der Gegenerde nicht. Denn er zog sie möglicherweise dazu heran, auch solche Mondfinsternisse zu erklären, bei denen sowohl Sonne als auch Mond sichtbar sind, und zwar an gegenüberliegenden Stellen ganz nahe am Horizont. Wir wissen heute, warum dieses Phänomen eintreten kann: Die Brechung der Lichtstrahlen in der Atmosphäre bewirkt nämlich, dass man einen Stern noch untergehen sehen kann, während er in Wirklichkeit schon seit ein paar Minuten unter dem Horizont verschwunden ist. Zur Zeit des Pythagoras wusste man von alldem noch nichts. Darum erklärte er Mondfinsternisse, bei denen man sowohl Mond als auch Sonne nahe am Horizont einander gegenüber sieht, mithilfe der Gegenerde und der Vorstellung, dass nicht nur der Mond und die Planeten, sondern auch die Sonne und die Fixsterne vom Zentralfeuer beleuchtet werden. Und die Verfinsterung des Mondes erfolgt dementsprechend entweder durch den Schatten der Erde oder durch den Schatten der Gegenerde im Lichte des Zentralfeuers.

Der Verlust der Mitte

Zur Zeit des Aristoteles gab es das Zentralfeuer nicht mehr. Man kannte damals schon viele Gegenden der Erde, von den „Säulen des Herkules", also den Felsen von Gibraltar im Süden der Iberischen Halbinsel und den Berg Dschebel Musa in Marokko, bis hin zu Indien, ja man vernahm Nachrichten von einem noch weiter im Osten befindlichen geheimnisumwitternden China. Phönizische Händler sollen sogar die Küste Afrikas umrundet haben. Die Existenz eines Zentralfeuers und einer wegen der Hitze völlig unbewohnbaren Erdhälfte wurde damit immer unwahrscheinlicher. Aristoteles war wie seine Zeitgenossen überzeugt, dass nicht das Zentralfeuer die Sonne bestrahlt, sondern dass diese es sei, welche das Planetensystem mit Licht erfüllt und insbesondere die Erde und den Mond beleuchtet. Wie Aristoteles auch feststellte, dass der Schatten der Erde bei einer Mondfinsternis in jeder Position des Mondes einen kreisförmigen Rand besitzt. Und da nur die Kugel immer einen kreisförmigen Schatten werfen kann, hatte Aristoteles ein für alle Mal bewiesen, dass die Erde eine Kugel ist. Seit dieser Zeit bezweifelte es praktisch niemand mehr. Behauptungen, noch zur Zeit des Christoph Kolumbus seien die meisten Menschen von der Vorstellung einer flachen Erdscheibe ausgegangen, sind im 19. Jahrhundert von Leuten erfunden worden, die den wissenschaftlichen Fortschritt ihrer Zeit besonders drastisch vom vermeintlich „dunklen Mittelalter" abheben wollten.

Der Rückschritt des von Aristoteles geschaffenen Weltbildes im Vergleich zum Kosmos des Pythagoras bestand zweifellos darin, dass bei Aristoteles die Erde im Zentrum des Universums ruht, während Pythagoras, lange vor Aristoteles, die Erde im Universum kreisen ließ. Wie man sieht, gab es selbst im antiken Griechenland hierzu mehrere Ansichten. Auch der antike Astronom Aristarch von Samos bevorzugte, wie Pythagoras, eine kreisende Erde, bei ihm aber mit der Sonne und nicht mit dem Zentralfeuer als Zentrum. Dass Kopernikus die Vorstellung eines Planetensystems mit einer um die Sonne kreisenden Erde im Jahre seines Todes 1543 wieder in die Diskussion warf, wurde damals dementsprechend keineswegs als „Revolution“ empfunden, sondern eben als ein möglicher und interessanter Vorschlag mit dem Vorteil, viele Phänomene wie zum Beispiel die Phasen der Venus, welche mehr als 60 Jahre später Galilei als Erster beobachtete, erklären zu können. Aber auch mit dem Nachteil, damals noch unlösbare Rätsel zu erzeugen. Warum, so fragte zum Beispiel Tycho de Brahe, der letzte große Astronom, der die Sterne noch ohne Fernrohr, also mit dem freien Auge vermaß, bewegen sich die Fixsterne auf der äußersten Himmelskugel nicht, während die Erde während des Jahreskreises ihre Bahn um die Sonne zieht? Das müssten sie, von der Erde aus betrachtet, nämlich tun. Denn bei einer ständig ihre Position im Kosmos ändernden Erde müsste man im Sommer einen Fixstern unter einem anderen Winkel sehen als im Winter. Der Fixstern ist zwar an der Himmelskugel unverrückbar angeheftet, doch hat sich vom Winter zum Sommer die Beobachtungsposition des Astronomen auf der Erde maßgeblich geändert. Tycho stellte nicht einmal ein winziges Wackeln der Sterne fest. Darum bastelte er ein Weltmodell, in dem die Erde immer noch im Zentrum des Universums ruht, die anderen Planeten hingegen um die Sonne kreisen.

Erst in der Mitte des 19. Jahrhunderts hatte Friedrich Wilhelm Bessel, mit dem damals besten Fernrohr ausgestattet, tatsächlich ein „Wackeln“ von Sternen während der Jahreszeiten registriert. Allerdings handelte es sich um einen winzigen Effekt: Selbst die der Erde nächsten Fixsterne wackeln nur eine Strecke, die etwa einem Zehntausendstel des Monddurchmessers gleichkommt, hin und her. Dementsprechend gigantisch weit sind allein die der Sonne benachbarten Sterne von uns entfernt: mehrere zehn Billionen Kilometer. Der Abstand der Erde von der Sonne beträgt im Vergleich dazu „nur“ circa 150 Millionen Kilometer.

Die Rede von der „kopernikanischen Revolution“ wurde ebenfalls erst im 19. Jahrhundert en vogue. Besonders geschürt wurde diese Mär von einem der genialsten und phantasiereichsten Essayisten des frühen 20. Jahrhunderts: Sigmund Freud. Um die Bedeutung der von ihm erfundenen Theorie möglichst plakativ hervorzuheben, erfand er drei „Kränkungen“, welche die Wissenschaft der Menschheit zugefügt habe. Die erste wäre die des Kopernikus, weil in seinem Weltensystem der Mensch seine Position in der Mitte des Universums verloren habe. Danach käme Darwins These, wonach Menschen „nichts anderes und nichts Besseres als die Tiere“ seien. Dies wäre nach Freud „die zweite, die biologische Kränkung des menschlichen Narzissmus“. Und es gäbe eine dritte Kränkung: Freud, eitel genug, sah sich neben Kopernikus und Darwin als wichtigster im Bunde, weil er belegen zu können glaubte, „dass das Ich nicht Herr sei in seinem eigenen Haus“. Rhetorisch raffiniert erzählte Freud diese Mär, um die Psychoanalyse gegen Kritik wissenschaftlich fundierter Psychologie immunisieren und sich als einzigartige Koryphäe und verkannten Geisteshelden präsentieren zu können.

Als Ideologie gegen die kirchliche Lehre verkündete tatsächlich erst Giordano Bruno, Dichter und Philosoph des 16. Jahrhunderts, das heliozentrische System. Kopernikus lebte und starb als kirchentreuer Mann, wie nach ihm auch Galilei, oder, als Protestant, auch Kepler, oder, als Anglikaner, auch Newton – dieser nicht ganz so kirchentreu, weil er im Geheimen Anhänger des Arius war, eines Priesters der frühen Kirche, der lehrte, dass Christus nicht gottgleich, sondern bloß gottähnlich sei. Im Gegensatz zu Kopernikus und den anderen Genannten frönte Bruno der sprühenden, ungezügelten Spekulation.

Giordano Bruno (1548–1600)

Dass er den gestirnten Himmel für riesengroß und die Unzahl der Sterne für weit entfernte Sonnen hielt, war nur ein Teil seiner phantasievollen Botschaft, der sich eher zufällig denn zwingend bewahrheitete. Darüber hinaus hatte Bruno wenig Interesse an der exakten Astronomie bekundet, sondern magischen Vorstellungen und okkulten Spielereien gehuldigt. Die mathematischen Unterlagen der Lehre des Kopernikus ließen ihn kalt, wie er überhaupt Mathematik und strenge Logik mit Abscheu betrachtete.

Nicht der Wissenschaftler Kopernikus, sondern der Phantast Bruno zettelte an, was seither „Revolution" heißt und Sigmund Freud die erste Kränkung des Menschen nannte. Zumal diese „Kränkung" nicht zuletzt darin bestand, dass der Bezug der nun unermesslich weit entfernten Gestirne zur nun plötzlich schrecklich klein gewordenen Erde verloren zu gehen drohte.

Denn es ist zu bedenken, dass Astronomie den meisten Menschen seit dem Altertum bis zur beginnenden Neuzeit nur deshalb interessant schien, weil sie nicht an der Sternenkunde selbst, sondern an der Sterndeutung, an der Astrologie interessiert waren. Sie faszinierte das wunderbar aufbereitete Geraune, die phantastisch formulierte Spiegelfechterei der Astrologen. Denn irgendwie, so vermuteten alle, ist das Geschehen am Himmel mit dem Schicksal hier auf Erden verwoben.

Wobei die Astrologie eine peinlich genau entwickelte Disziplin ist, in der neben akribisch genauer Beobachtung auch objektiv nachvollziehbare Berechnungen durchgeführt werden. Und dies nicht erst in neuerer Zeit, sondern mit den frühesten Hochkulturen beginnend. Wir wollen dies anhand eines Beispiels darlegen.

Sterndeutungen

Seit Menschen den Himmel bewundernd betrachteten, wurden auffallende Sterngruppen des Fixsternhimmels zu Sternbildern zusammengefügt. Allerlei wurde in ihnen gesehen: Personen,

Tiere, Gegenstände. Die berühmtesten, vielleicht auch ältesten aller Sternbilder sind diejenigen des Tierkreises: Widder, Stier, Zwillinge; Krebs, Löwe, Jungfrau; Waage, Skorpion, Schütze; Steinbock, Wassermann, Fische. Ihre Bedeutung gründet auf einer bemerkenswerten Eigenschaft des Planetensystems: dass nämlich die Planetenbahnen um die Sonne ziemlich exakt auf einer Ebene liegen. Man ist mit anderen Worten nicht weit von der Wahrheit entfernt, wenn man als Modell des Planetensystems in die Mitte einer Tischplatte die Position der Sonne markiert und von innen nach außen um sie die fast exakt kreisförmigen Bahnen der Planeten Merkur, Venus, Erde, Mars, Jupiter und Saturn einzeichnet. Auch die Bahn des Mondes um die Erde befindet sich mit einer nur kleinen Abweichung auf dieser Tischplatte. Und wo diese Tischplatte scheinbar die Kugel der Fixsterne schneidet, sind die zwölf Sternzeichen des Tierkreises aufgereiht.

Natürlich gingen die Babylonier von einer im Zentrum der Fixsternsphäre ruhenden Erde aus, aber an der Tatsache, dass die Wandelsterne, Mond und Sonne mit eingeschlossen, ziemlich genau in einer Ebene ihre Bahn ziehen, ändert dies nichts. Man sieht von der Erde aus die Bahnen der Sonne, des Mondes und der Planeten auf die Fixsternsphäre projiziert als Großkreise, die nahe beieinanderliegen und sich entlang der Tierkreiszeichen erstrecken. Der Großkreis, den die Sonne im Laufe eines Jahres entlang des Fixsternhimmels durchläuft, ist die berühmte Ekliptik, übersetzt: die Finsternislinie. Denn „ekleípō“ bedeutet auf Griechisch „ich verschwinde“. Auf ihr finden nämlich Sonnen- und Mondfinsternisse statt.

Also zieht die Sonne, von der Erde aus betrachtet, während des Jahres scheinbar an den Tierkreiszeichen vorbei. Auch der Mond und die mit freiem Auge sichtbaren Planeten tun dies. Im Frühling stand in antiker Zeit die Sonne in den Sternbildern des Widders und des Stiers, den Symbolen der Fruchtbarkeit. Im Sommer, wenn die Sonne mit aller Kraft die Nordhalbkugel beleuchtet und erhitzt, war sie im Sternbild des Löwen. Im

Abb. 4: Die durch Süd- und Nordpol führende Achse der Erde vollzieht im sogenannten „platonischen Jahr", das 25 800 Sonnenjahre dauert, eine Rotation, die der Taumelbewegung eines Kreisels entspricht. Während dieser Zeit wechseln am Fixsternhimmel die Polarsterne.

darauffolgenden Monat ist Erntezeit. Dementsprechend gaben die Sterndeuter der Antike der Jungfrau immer eine Ähre in die Hand: den Stern Spica, das lateinische Wort für Kornähre. Im Winter hingegen, wenn es in den Mittelmeerregionen oft regnete, durchzog die Sonne die Sternbilder der Nässe: Wassermann und Fische.

Nun aber, ein paar tausend Jahre nach der babylonischen und antiken Astrologie, hält sich die Sonne nicht mehr an diese uralte Symbolik. Der Frühling beginnt bereits, wenn sie sich im Sternbild der Fische befindet. Der Grund für diese Verschiebung ist eine sehr langsame Taumelbewegung der Erde: Die durch Süd- und Nordpol gedachte Erdachse behält nämlich während der Drehungen der Erde um sich selbst und um die Sonne nicht für alle Zeiten ihre Richtung im Raum bei, sondern diese Achse taumelt genau so wie die Achse eines sich drehenden Kreisels. Nach 25 800 Jahren hat die Erdachse eine Rotation vollführt. Während dieser Zeit wechselt zum Beispiel der Polarstern, jener Stern, bei dem die Verlängerung der Erdachse scheinbar die Sphäre der Fixsterne trifft. Vor 4000 Jahren war der Polarstern der Stern Thuban, ein heller Stern im Sternbild Draco. Und in

11 500 Jahren wird die Erdachse auf den Stern Wega im Sternbild Lyra gerichtet sein. Dann werden wir einen besonders hellen Polarstern haben, denn Wega ist der hellste Fixstern des Nordhimmels. Nur weiß niemand, ob es zu dieser Zeit noch Menschen geben wird, die den gestirnten Himmel bewundern.

Die Taumelbewegung der Erdachse bewirkt ferner, dass sich der Frühlingspunkt der Sonne langsam vom Sternbild des Widders zu Fische und Wassermann bewegt. Für die Astrologie eine peinliche Angelegenheit, für den Alltag jedoch unbedeutend. Kehren wir darum zu den Babyloniern zurück, als das Himmelsgeschehen noch so verlief, wie es sich die Astrologen einbildeten.

Finsternisse

In der Ekliptik, so behaupteten die Babylonier, haust Tiamat, ein riesiger Drache. Er hasst Sonne und Mond. Kommen die beiden Gestirne ihm zu nahe, droht er sie in seinem Rachen zu verschlingen oder mit seinem Schwanz zu erdrücken. Die Sonne und der Mond sind dieser Gefahr jedoch nur zwei Mal im Jahr ausgesetzt, zu Zeitpunkten, die sechs Monate auseinanderliegen. Während der ganzen übrigen Zeit gelingt es ihnen leicht, sich vom Maul und vom Hinterteil des Drachen fernzuhalten. Diese Fabel haben die Babylonier ersonnen, um sich das Geschehen einer Sonnen- oder einer Mondfinsternis vorstellen zu können.

Der Geschichte liegt eine sehr sorgfältige Beobachtung des Himmels zugrunde. Die Bahn des Mondes entlang der Himmelskugel stimmt ja nicht ganz genau mit der Ekliptik überein. Sie ist ein Großkreis, der zur einen Hälfte leicht oberhalb der Ekliptik liegt und zur anderen Hälfte leicht unterhalb. In zwei auf der Himmelskugel gegenüberliegenden Punkten der Ekliptik aber schneidet die Mondbahn diese. Man nennt diese Schnittpunkte die Mondknoten. Sie sind für das Eintreten von Mond- und Sonnenfinsternissen von entscheidender Bedeutung.

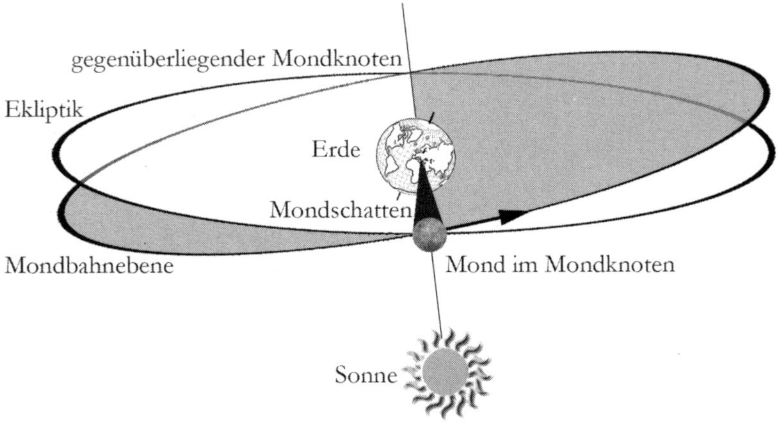

Abb. 5: Die Bahnebene des Mondes ist zur Ekliptik leicht geneigt; ihre Schnittpunkte mit der Ekliptik sind die Mondknoten. Dort befinden sich Kopf und Schwanz des Himmelsdrachen Tiamat, denn nur dort kommt es zu Finsternissen. Das Auf und Ab der Bewegung des Mondes entlang der Ekliptik mag die Vorstellung hervorgerufen haben, der Drache Tiamat winde sich um die Ekliptik wie eine Wasserschlange.

Denn jeden Monat läuft der Mond einmal an der Sonne vorbei. Doch meist bewegt er sich oberhalb der Sonne vorbei, oder unterhalb. Nur wenn der Mond und die Sonne in einem Mondknoten oder wenigstens in unmittelbarer Nähe eines Mondknotens stehen, kann sich eine Sonnenfinsternis ereignen. Denn allein in diesem Fall kann der Mond in diesem Mondknoten genau vor der Sonne vorbeiziehen. Und nur wenn Mond und Sonne in den einander gegenüberliegenden Mondknoten stehen, ereignet sich eine Mondfinsternis. Denn wenn sich die Sonne in dem einen Mondknoten befindet, richtet sich der Schatten der Erde in Gegenrichtung zum anderen Mondknoten, und der Mond läuft durch diesen Schatten und wird verfinstert. Zwei Mal im Jahr durchläuft die Sonne einen der Mondknoten, während gleichzeitig der Erdschatten auf den gegenüberliegenden Knoten fällt. Der eine Mondknoten wird, der babylonischen Sage zufolge, heute noch der „Drachenkopf“ genannt. Hat ihn die Sonne durchlaufen, so dauert es genau sechs Monate, bis die Sonne den anderen

Mondknoten durchläuft, den „Drachenschwanz". Nur zu diesen beiden, genau ein halbes Jahr voneinander getrennten Zeiten können sich Finsternisse ereignen.

Wann aber kommt es wirklich zu Finsternissen? Der Mond muss sich im Drachenkopf oder im Drachenschwanz befinden, und die drei Himmelskörper Erde, Mond und Sonne müssen eine geradlinige Verbindung bilden. Die zweite Bedingung ist erfüllt, wenn entweder exakt Vollmond oder aber exakt Neumond herrscht. Die Phase von einem Vollmond zum nächsten oder von einem Neumond zum nächsten dauert, die babylonischen Astronomen haben sie in Jahrhunderte währenden Beobachtungen fixiert, sehr genau 29,5306 Tage, ein sogenannter synodischer Monat. Die Phase, welche der Mond von einem Durchgang des Drachenkopfes zum nächsten Durchgang des Drachenkopfes beziehungsweise von einem Durchgang des Drachenschwanzes zum nächsten Durchgang des Drachenschwanzes benötigt, heißt ein Drachenmonat oder drakonitischer Monat. Auch diese Zeit haben die babylonischen Gelehrten sehr genau zu bestimmen gewusst: Sie dauert 27,2122 Tage. Sodann begannen sie zu rechnen und hatten mit einer sehr gewieften Methode, die später Pythagoras die Methode der Wechselwegnahme nannte, folgendes Ergebnis erhalten: Wenn man die Dauer eines synodischen Monats mit 223 multipliziert, erhält man 223×29,5306 Tage, dies sind 6585,3238 Tage. Und wenn man die Dauer eines drakonitischen Monats mit 242 multipliziert, erhält man 242×27,2122 Tage, dies sind 6585,3524 Tage. Beide Multiplikationen liefern somit fast die gleiche Zeit von rund 6585 Tagen und einem Drittel Tag. Dies entspricht 18 Jahren und 10 + $^{1}/_{3}$ Tagen beziehungsweise 18 Jahren und 11 + $^{1}/_{3}$ Tagen, je nachdem, ob in diese Zeit fünf oder nur vier Schaltjahre fallen. Man nennt diese Zeit nach einem babylonischen Volk die „chaldäische Periode". Sie ist, und darauf kommt es an, ein gemeinsames Vielfaches der synodischen und der drakonitischen Monate. Wenn sie verstrichen ist, beginnt der ineinander verwobene Zyklus von synodischen und drakonitischen Monaten von Neuem. Wenn man daher in einer chaldäischen Periode die Daten der Sonnen- und Mondfinsternisse aufzeichnet, so wiederholen sich diese in den darauffolgenden chaldäischen Perioden im gleichen Rhythmus.

In einer chaldäischen Periode ereignen sich 29 Mondfinsternisse und 41 Sonnenfinsternisse. Das wirkt auf den ersten Blick befremdlich, weil man Sonnenfinsternisse als viel seltenere Ereignisse empfindet als Mondfinsternisse. Das Paradoxon löst sich auf, wenn man bedenkt, dass Mondfinsternisse praktisch auf der gesamten Erdhemisphäre beobachtet werden können, auf die der Mond in der jeweiligen Nacht gerade leuchtet, während Sonnenfinsternisse immer nur von sehr eng begrenzten Stellen der Erde aus zu verfolgen sind.

Niemand möge behaupten, dass das Geschehen am gestirnten Himmel keinen Einfluss auf unser Leben besitzt! Am 28. Mai des Jahres 585 v. Chr. ereignete sich eine Sonnenfinsternis, und Thales von Milet hatte sie vorausberechnet – er dürfte auf seinen Bildungsreisen babylonische Gelehrte kennengelernt und ihnen das Geheimnis der chaldäischen Periode abgeluchst haben. Gerade zu dieser Zeit kämpften in einer Schlacht die Lydier gegen die Meder. Thales hatte als Berater des Heerführers der Lydier diesen auf die zu erwartende Finsternis aufmerksam gemacht, und die lydischen Soldaten wurden darüber unterrichtet. Unverdrossen kämpften sie auch während der sich verfinsternden Sonne weiter. Aber die Meder empfanden dieses für sie überraschende Himmelsereignis als Fluch der Götter und ließen vor Schreck die Waffen fallen. Wenn man so will, siegte in dieser Schlacht die Mathematik – denn Thales hat durch Berechnungen das Himmelsereignis prognostiziert – gegen den Aberglauben. Der 28. Mai 585 v. Chr. ist der Geburtstag der Mathematik als öffentliche Wissenschaft. Thales tat seine Berechnungen der Allgemeinheit kund, die Gelehrten Ägyptens und Babylons hatten sie zuvor noch streng geheim gehalten.

Es mag sein, dass alle Wesen dieser Erde einer für sie einmaligen, unwiederholbaren Konstellation der Gestirne unterliegen. Diese Behauptung kann kaum bestritten werden. Völliger Nonsens aber ist die Behauptung der Astrologie, es gelinge diese einmalige Konstellation aufzudecken, ja aus ihr Voraussagen für das künftige Schicksal zu treffen. Doch sogar Kepler, einer der größten Gelehrten überhaupt, hatte astrologische Gutachten erstellt. Daran ge-

Johannes Kepler (1571–1630)

glaubt wird er sicher nicht haben. Aber sie brachten ihm von der abergläubischen Kundschaft das fürs Leben und Forschen nötige Kleingeld. Und er wird die Horoskope bestimmt so geschickt formuliert haben, dass man vielerlei und im Grunde doch nur Belangloses aus ihnen entnehmen kann. Nie dürfen sie fatale Entschlüsse veranlassen.

Denn eines wusste Kepler mit Bestimmtheit: Astrologische Prognosen sind irrelevant. Aber aus den mathematischen Harmonien des Himmels ein wenig vom Wesen der Schöpfung zu erahnen, bereitet unerhörten Genuss.

Mathematik und Kunst

Der Goldene Schnitt

Kunst und Mathematik: Der enge Zusammenhalt war mathematisch Tätigen und vielen Künstlerinnen und Künstlern seit den Tagen des Pythagoras, des Ahnherrn der Mathematik und des Schöpfers der Musiktheorie, wohlbekannt. Schon die aus vier raffiniert ineinander verwobenen deckungsgleichen rechtwinkligen Dreiecken bestehende Figur, aus der man auf einen Blick den berühmten Satz des Pythagoras entnimmt, vermittelt eine erkenntnistheoretische wie auch eine ästhetische Botschaft: Ein großes Quadrat, darin eingebettet ein kleines, zum großen etwas verdrehtes Quadrat – das könnte man so fortführen, bis ins Unendliche ...

Der Legende nach bildete die Figur, die aus den Diagonalen des regelmäßigen Fünfecks besteht, das sogenannte Pentagramm, das Geheimzeichen der Pythagoreer. Jedenfalls öffnet das Pentagramm wie schon oben die Figur zum pythagoreischen Satz ein Tor in das Unendliche. Denn die Diagonalen schließen mit ihren

Abb. 6: Vier raffiniert ineinander verwobene deckungsgleiche rechtwinklige Dreiecke füllen bis auf ein kleines Quadrat in der Mitte ein großes Quadrat aus.

Schnittpunkten ein regelmäßiges Fünfeck ein, in das wieder Diagonalen eines kleineren Pentagramms eingezeichnet werden können. Darin verbirgt sich wieder ein Fünfeck mit dem zugehörigen Pentagramm, und dies kann man sich endlos fortgesetzt denken.

Sehr bekannt ist, dass ein Pentagramm den sogenannten „Goldenen Schnitt“ mehrfach verbirgt: Die Schnittpunkte mit zwei der anderen Diagonalen unterteilen eine Diagonale des Pentagramms in mehrere Strecken. Das Verhältnis der jeweils längeren zur nächstkürzeren Strecke ist immer das gleiche, eben der Goldene Schnitt. Eine Strecke wird nach seiner Vorschrift so geteilt, dass das Verhältnis der Gesamtlänge zur längeren Teilstrecke mit dem Verhältnis der längeren zur kürzeren Teilstrecke übereinstimmt. Für die Mathematik bahnbrechend war die Erkenntnis, dass dieses Verhältnis in beliebig winziger Verkleinerung bei den potenziell unendlich vielen ineinander geschachtelten Pentagrammen zutage tritt, folglich kein Verhältnis ganzer Zahlen sein kann

Der unter Perikles errichtete Parthenon auf der Akropolis gilt als Musterbeispiel dafür, dass in der Architektur der griechischen Antike der Goldene Schnitt eine wichtige Rolle spielte. Vielfältig tauchen beim Parthenon „Goldene Rechtecke“ auf. Das sind Rechtecke, bei denen das Verhältnis der längeren zur kürzeren Seite die „sectio aurea“, also der Goldene Schnitt ist. Das Goldene Rechteck besitzt die folgende zauberhafte Eigenschaft: Wenn man von ihm das Quadrat abtrennt, das die kurze Rechtecksiänge als Seite hat, bleibt ein kleineres Goldenes Rechteck über. Auch von diesem kann man wieder ein entsprechendes Quadrat abtrennen, wieder bleibt ein noch kleineres Goldenes Rechteck als Rest übrig, und dieser Prozess findet kein Ende. Psychologen behaupten, dass die meisten Menschen auf die Aufforderung hin, freihändig ein Rechteck zu zeichnen, fast immer eine Figur präsentieren, die dem Goldenen Rechteck nahekommt. Nur ganz selten wird ein Quadrat oder ein dem Quadrat sehr ähnliches Rechteck und ebenso selten ein besonders lang gestrecktes Rechteck vorgelegt. Es ist deshalb auch nicht sicher, ob die Architekten

Abb. 7: Im Parthenon auf der Akropolis tauchen mehrfach Goldene Rechtecke auf.

des Parthenon mit voller Absicht den Goldenen Schnitt in ihre Konstruktion haben einfließen oder ob sie sich bloß von ihrer Intuition haben leiten lassen.

Mit voller Absicht hatten unter Anleitung ihres Bürgermeisters Hieronymus Lotter die Bauleute Paul Speck und Paul Wiedemann den Goldenen Schnitt beim im 16. Jahrhundert erfolgten Bau des Alten Rathauses von Leipzig eingesetzt: Der Rathausturm teilt die Gebäudefront asymmetrisch in diesem schönen Verhältnis. Und im 20. Jahrhundert berief sich der Architekt und Maler Le Corbusier in seiner architekturtheoretischen Schrift „Der Modulor“ auf den Goldenen Schnitt, den er vor allem in den Proportionen des Menschen zu erkennen glaubte.

In der Tat: Betrachtet man eine Idealform des Menschen wie zum Beispiel die im Louvre ausgestellte Skulptur der Venus von Milo, so zeigt sich: Die Strecken von der Sohle bis zum Nabel und vom Nabel bis zum Scheitel verhalten sich im Goldenen Schnitt. Ebenso die Strecken von der Sohle bis zum Knie und vom Knie bis zum Nabel; ebenso die Strecken vom Scheitel bis zur Brust und von der Brust bis zum Nabel; ebenso umgekehrt die Strecken vom

Abb. 8: Bei der Idealform des Menschen verhalten sich die Strecken von der Sohle bis zum Nabel und vom Nabel bis zum Scheitel im Goldenen Schnitt. Ebenso die Strecken von der Sohle bis zum Knie und vom Knie bis zum Nabel; ebenso die Strecken vom Scheitel bis zur Brust und von der Brust bis zum Nabel; ebenso umgekehrt die Strecken vom Nabel bis zum Halsansatz und vom Halsansatz bis zum Scheitel.

Nabel bis zum Halsansatz und vom Halsansatz bis zum Scheitel. Auch im Gesicht der Venus taucht der Goldene Schnitt mehrfach auf: Die Höhe des Gesichts verhält sich zu seiner Breite im Goldenen Schnitt, die Strecken vom Kinn bis zur Nasenwurzel und von der Nasenwurzel bis zum Scheitel verhalten sich im Goldenen Schnitt – schier überall ist er anzutreffen.

Ausführlich beschäftigte sich der Franziskanermönch und Mathematiker Luca Pacioli in seinem 1509 erschienenen Buch „De Divina Proportione" – er nannte den Goldenen Schnitt die „göttliche Proportion" – mit diesem faszinierenden Verhältnis. Darin referiert er auch über die Schriften des antiken Architekten Vitruv, der schon damals, im ersten vorchristlichen Jahrhundert, die menschlichen Proportionen in der Architektur zu entdecken glaubte. In diesem Buch findet sich auch die berühmte Studie Leonardos über den ideal proportionierten Menschen, der in einem Kreis mit dem Nabel des Menschen als Mittelpunkt und in

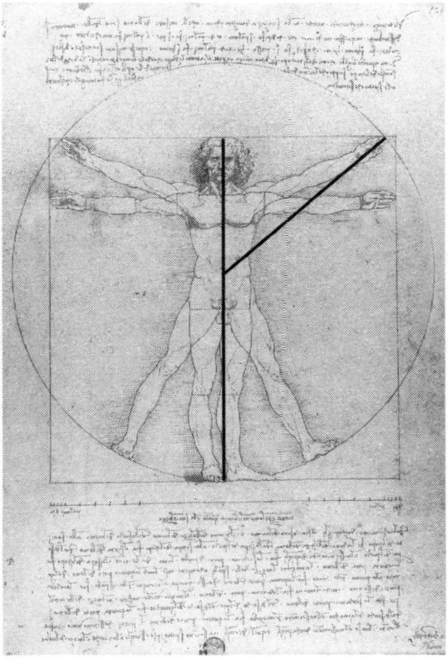

Abb. 9: In der Studie Leonardos über den ideal proportionierten Menschen ist das Verhältnis der Quadratseite zum Kreisradius fast exakt der Goldene Schnitt.

einem Quadrat mit der Scham des Menschen als Mittelpunkt eingeschrieben ist. Das Verhältnis der Quadratseite zum Kreisradius ist dabei – wie kann es anders sein – der Goldene Schnitt.

Natürlich gibt es Figuren, bei denen der Goldene Schnitt nicht zu finden ist. Donald Duck ist ein Beispiel dafür. Seine scheinbare Unförmigkeit, das Sprengen aller von alters her als ästhetisch empfundenen Proportionen an seiner Gestalt, macht ihn zu einem Kunstwerk der Moderne und Carl Barks, der diese bizarren Abweichungen von den gewohnten Proportionen spielerisch einzusetzen verstand, zu einem der bedeutenden Künstler des 20. Jahrhunderts. Die moderne Kunst lebt nämlich von diesem Widerspruch: Man identifiziert sich mit Daisy oder Donald Duck, weil Barks ihnen menschliche, allzu menschliche Züge verleiht, und man weiß zugleich, dass diese Identifikation abwegig ist, weil die vermenschlichten Enten dem Betrachter so drollig unproportioniert entgegenwatscheln.

Gödel – Escher – Bach

Die am Beispiel des Pentagramms und des Goldenen Schnittes angedeutete Verzweigung – einerseits das fortgesetzte Spiel der Künstlerinnen und Künstler mit der geometrischen Figur, andererseits die Vertiefung der Mathematikerinnen und Mathematiker in den abstrakten Gehalt der Geometrie – bewirkte eine zunehmende Entfremdung von Kunst und Mathematik. Was zu Beginn noch gemeinsamer Inhalt war, verflüchtigte sich ins Ornamentale, verfiel zusehends sowohl bei den einen wie auch bei den anderen zum Zitat.

Trotz dieser Gabelung riss die Verbindung von Kunst und Mathematik nie. Nur von der breiten Öffentlichkeit wurde sie kaum mehr wahrgenommen. Dies änderte sich schlagartig mit dem Erscheinen eines der kommerziell erfolgreichsten Bücher des letzten Jahrhunderts, des Werks „Gödel, Escher, Bach: An Eternal Golden Braid" (in der deutschen Übersetzung: „Gödel, Escher, Bach. Ein Endloses Geflochtenes Band") von Douglas R. Hofstadter. Es dürfte sich um eines jener Kultbücher handeln, das viele Tausende kauften, die stolz ihren Freunden und Bekannten verkündeten, es bereits zu besitzen, es aber nicht einmal in Ansätzen lasen. Vor allem die musikalisch Interessierten fühlten sich davon angesprochen, dass Johann Sebastian Bach im Kontext von Mathematik auftritt, doch gerade dieses Kundensegment hat sich mit Hofstadters eigenartigem Buche mit Sicherheit am schwersten getan.

Kurt Gödel (1906–1978)

Aus dem Titel des Buchs vernimmt das Laienpublikum die verführerisch klingende Botschaft, es gäbe Querverbindungen zwischen abstrakter Mathematik – diese festgemacht an Kurt Gödel – und großer Kunst –

diese personalisiert durch Johann Sebastian Bach. Ohne Zweifel handelt es sich um zwei Giganten ihrer Disziplinen. Und tatsächlich ist von Bach bekannt, dass er, der „Ars Combinatoria“ des Gottfried Wilhelm Leibniz folgend, eine Fülle von Zahlenbeziehungen in sein Werk einfließen ließ. Der musikalische Geschmack Kurt Gödels hingegen ist von eher skurriler Natur: Gödel hatte zur Barockmusik, auch zu Haydn oder zu Mozart praktisch keinerlei Zugang, schätzte hingegen die Unterhaltungsmusik der „Silbernen Operette“. Lehár war einer seiner Lieblingskomponisten. Wie er überhaupt Kunstwerke sehr eigenartig bewertete. Seinem Freund Albert Einstein gegenüber, der bekanntlich ein feinsinniger Liebhaber der klassischen Musik war und gerne Geige spielte, meinte Gödel mit ernsthafter Bestimmtheit, dass seiner Meinung nach das größte jemals geschaffene Kunstwerk der Film „Snow White and the Seven Dwarfs“ von Walt Disney sei.

Der Dritte in Hofstadters Bunde, Maurits Cornelis Escher, sollte den Konnex zwischen Kunst und Mathematik besonders klar verdeutlichen. Denn Escher war einerseits ein handwerklich begnadeter Graphiker. Er beherrschte unter anderem die Linolschnitt-, die Holzschnitttechnik, Radierungen, Lithographien oder die Mezzotinttechnik perfekt. Andererseits hatte sich Escher als Spezialität dem Sujet der „unmöglichen Objekte“ verschrieben, die er mit mathematischer Präzision darzustellen verstand.

Doch während Bach unbestritten zu den Größten der Musik und ebenso Gödel zweifellos zu den Größten der Mathematik zählen, ist man sich bei Escher nicht einmal sicher, ob er überhaupt wahrgenommen zu werden verdient, geschweige denn, ob er beanspruchen darf, sich im Bereich der Kunst oder im Bereich der Mathematik einen Namen gemacht zu haben. Denn einerseits hatte Escher, der als Jugendlicher keinen regulären Schulabschluss erlangte, nie im gängigen Sinn Mathematik studiert. Er wurde zwar nicht selten zu Mathematikvorlesungen eingeladen, aber von sich selbst sagte er, von Mathematik verstünde er nichts. Andererseits fand zwar das Paradoxe und nicht selten Mystische

Abb. 10: M. C. Escher: Hand mit spiegelnder Kugel. Lithographie, 1935.

seiner geheimnisvollen Bilder Anklang bei Esoterikern und der Popkultur des 20. Jahrhunderts, aber Eschers Auseinandersetzung mit perspektivischen Unmöglichkeiten und optischen Täuschungen unterscheidet sich so stark von den klassischen Themen bildender Kunst, dass man Schwierigkeiten hat, sein Werk einzuordnen.

Aber nicht nur das. Nur bei oberflächlicher Betrachtung vermeint man, sich von Eschers Bildern verzaubern lassen zu können. Wenn man sie intensiver zu studieren beginnt, wirken sie zunehmend abstoßend, auf sensible Gemüter sogar ekelhaft: Roboterartige Ameisen krallen sich an einer verschlungenen Fläche fest, dem nach dem Mathematiker August Ferdinand Möbius benannten Band. Mittelalterlich bekleidete Schaufensterpuppen bewegen sich wie Aliens treppauf und zugleich treppab. Weder künden Eschers Engel vom Himmel, noch drohen Eschers Teufel mit der Hölle, sondern sie verkommen im wahrsten Sinne des Wortes zu flachen Schattenfiguren. Eschers Werk ist nicht einmal schlechte

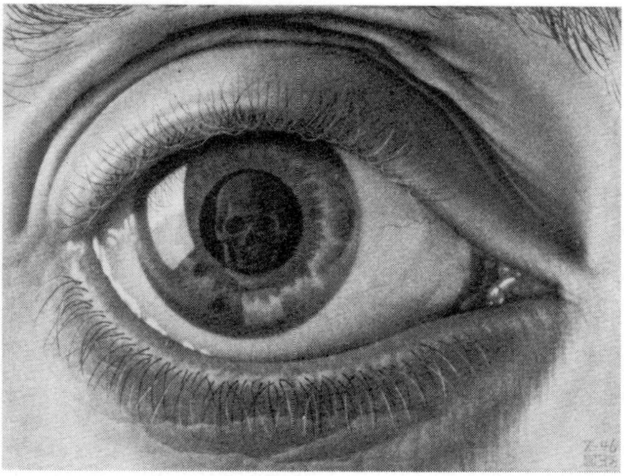

Abb. 11: M. C. Escher: Auge. Mezzotinto, 7. und letztes Stadium, 1946.

Kunst, eigentlich ist sie nur scheinbare Kunst, weil sich hinter der als Kunstwerk gebärdenden Kulisse buchstäblich nichts befindet.

Am deutlichsten vernimmt man dies im Selbstporträt Eschers: Er stellt seine eigene linke Hand dar, die eine spiegelnde Kugel hält, in der er sich in einem sterilen Zimmer auf einem Lehnstuhl sitzend wiederfindet. Eine andere Graphik vergrößert das zentrale Detail dieses Bildes: das rechte Auge des Betrachters, also Eschers selber. Und in der Pupille seines Auges entlarvt er, wie er sich im Spiegelbild wahrnimmt: tot.

Eine Bildergalerie

Eines der wenigen Bilder Eschers, die einen Hauch von Leben in sich tragen und wenigstens in Ansätzen beim Betrachter Sympathie hervorrufen, ist sein „Prententententoonstelling“: Ein Besucher einer Bildergalerie betrachtet das Bild von einer Stadt, in der sich ein Gebäude befindet, welches die Bildergalerie beherbergt, in der sich der Besucher gerade befindet. Escher konnte gar nicht anders – alles ist starr: das Meer, an das die Stadt angrenzt, mit den auf ihm postierten Schiffen und Booten genauso wie die wenigen leblos wirkenden Menschen, die sich scheinbar innerhalb und außerhalb der Galerie befinden. Das einzige belebende Element der gesamten Komposition ist im Zentrum des Bildes: ein unscharfer weißer Fleck, den Escher offenkundig nicht auszufüllen verstand, und den er, wohl aus Unbeholfenheit, mit seiner traurigen Signatur zierte. Dieser weiße Fleck bringt wenigstens ein wenig Bewegung in die Verkrampftheit der Szenerie. Denn er lässt die Frage offen, wie man ihn wohl stimmig zu ergänzen hätte.

Die beiden Mathematiker Hendrik Willem Lenstra und Bart de Smit enthüllten, dass Escher diesen weißen Fleck sehr wohl hätte ausfüllen müssen, wäre er mathematisch präzise vorgegangen. In dem weißen Fleck verbirgt sich nämlich, was Lenstra den „Droste-Effekt" nennt. Unter diesem Namen ist er in Holland wohlbekannt: Das Etikett der Schokoladenfirma Droste zeigt eine Frau, die auf einem Tablett eine Kakaoschachtel hält, auf der sich ein Etikett mit einer Frau befindet, die auf einem Tablett eine Kakaoschachtel hält, auf der sich ein Etikett mit einer Frau befindet, …

Abb. 12: Oben: M. C. Escher: Bildergalerie. Lithographie, 1956.
Unten: Bart de Smit, Hendrik W. Lenstra jr.: Bildergalerie, vervollständigte Version. Computergraphik, 2003.

Genau diesen Droste-Effekt hätte Escher für die Vollendung seines Bildes ins Spiel bringen müssen: Statt des weißen Flecks sollte, in immer kleineren Maßstab verzerrt und verdreht, eine nie abbrechende Folge von Beobachtern verquerer Bilder, in denen sich diese selbst wiederfinden, spiralförmig eingefügt werden. Wenn man dies – soweit es eben noch graphisch möglich ist – durchführt, erhält man jene Konstruktion, die Escher vorschwebte und die er eigentlich zu entwerfen versuchte. Dann wäre sein Entwurf, genauso wie er es mit seinen anderen Werken mit Akribie trieb, von ihm selbst zu Tode gebracht worden. Allein, ihm fehlten dazu die entsprechenden mathematischen Kenntnisse.

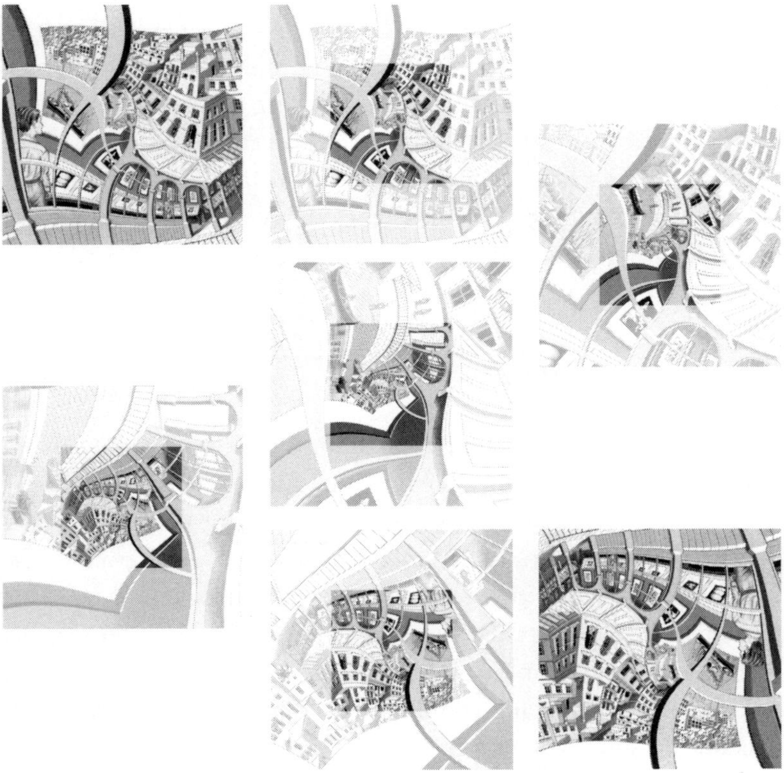

Abb. 13: Bart de Smit, Hendrik W. Lenstra jr.: Bildergalerie, vervollständigte Version mit fortschreitenden Vergrößerungen des Zentrums. Computergraphik, 2003.

Es ist kurios: Das einzige bewegende Element in Eschers „Prententententoonstelling" haben zweieinhalbtausend Jahre zuvor die Pythagoreer mit der Skizze eines Pentagramms vorweggenommen. Der weiße Fleck, den diese im Pentagramm ließen und der Platz für eine nie abbrechende Folge eingeschriebener Pentagramme freigibt, ist der gleiche weiße Fleck, der Escher im Zentrum seines Bildes übrig bleibt. Die Griechen hielten den Platz frei, weil sie wussten, dass das Projekt, ihn zu füllen, schlicht jeden, der sich daran wagt, überfordert: Nie wird es zu einem Ende kommen. Damit hauchten sie bewusst und gezielt dem Pentagramm metaphorisch Leben ein. Weil lebendige Menschen auf den weißen Fleck blicken und die unendliche Aufgabe, ihn zu füllen, darin wahrnehmen. Escher aber beließ den weißen Fleck in seiner „Prententententoonstelling", weil er einfach nicht weiter zu zeichnen verstand. So gesehen ist es geradezu blasphemisch, wenn der Pariser Kunsthistoriker Albert Falcon vermeint, den präzisen Handwerker Escher mit Künstlern und Kunsttheoretikern vom Rang eines Leonardo da Vinci, eines Albrecht Dürer oder eines Piero della Francesca auf eine Stufe stellen zu können.

Die Kunst des Betrachtens

Denn das allzu Präzise fußt zwar unmittelbar auf sinnlichen visuellen Eindrücken, raubt ihnen jedoch Buntheit – nicht umsonst war Escher bevorzugt, wenn auch nicht immer, dem schwarzen Strich auf weißem Grund verhaftet – Körperlichkeit, Vergänglichkeit, Verletzbarkeit, kurz: alle opaken und barocken Reize. Das allzu Präzise verkürzt die optische Wahrnehmung so lange, bis nur mehr einzelne Punkte und Linien übrig bleiben. Aus Geraden, Kreisen und deren Schnittpunkten versucht es zu rekonstruieren, was der Verstand vom Sehen übrig lässt. Die phantasievoll lebendige Pinselführung des Malers erstarrt im allzu Präzisen zur glasklaren Konstruktion des Ingenieurs mit Zirkel und Lineal. Darum kann aus ihm nicht das wertvolle Kunstwerk, nur das in Abertausenden kopierte Poster, der Gebrauchsartikel werden.

Wie in der Literatur „Ulysses“ von James Joyce oder im deutschsprachigen Bereich Hugo von Hofmannsthals sogenannter „Brief des Lord Chandos“ die Moderne einläutete, wie in der Musik die Ouvertüre zu „Tristan und Isolde“ von Richard Wagner den Beginn der Moderne markierte, so darf man das „Schwarze Quadrat“ des Kasimir Sewerinowitsch Malewitsch als Angelpunkt der Moderne in der bildenden Kunst betrachten. Nicht von ungefähr hat sich der Künstler von einem mathematischen Sujet, sogar von einem aus mathematischer Sicht ziemlich banalen Sujet, leiten lassen. Auf den kunsthistorischen Aspekt, dass Malewitsch in seinem Werk zur jahrhundertealten Tradition der Ikonenmalerei einen Kontrapunkt setzen wollte, verweisen fast unzählig viele Bücher über Kunsttheorie und moderne Kunst.

Abb. 14: Oben: Kasimir Sewerinowitsch Malewitsch: Schwarzes Viereck. Russisches Museum, St. Petersburg. Unten: ein präzises schwarzes Quadrat

Was hier interessieren soll, ist der Vergleich zwischen dem „Schwarzen Quadrat" und einem völlig präzise konstruierten Quadrat. Aus ihm erkennt man, dass Malewitsch nicht zu Unrecht sein Werk ein „Viereck" nannte. Selbst die Parallelität der Seiten ist nicht völlig exakt gegeben. Diese hier zutage tretende Differenz beweist, dass sich Malewitsch nicht dem allzu Präzisen verschrieben hat. Für sich betrachtet, hat er gar kein schwarzes Quadrat gemalt. Es entsteht als solches erst in der lebendigen Auseinandersetzung mit der betrachtenden Person.

Dies ist eine der Botschaften, welche die Mathematik der Kunst zu vermitteln vermag: Einerseits genügt das Kunstwerk, ohne Zutun des Publikums, sich selbst. Andererseits gewinnt es seinen Wert erst dann, wenn es sich im Zuge der Wahrnehmung enthüllt. Diesen lebendigen Wahrnehmungsprozess darf es nie und niemals durch eine allzu genaue Vorwegnahme dessen, was es zu vermitteln versucht, blockieren. Im Gegenteil: Ein Thema ist erst dann künstlerisch interessant, wenn seine erschöpfende Darstellung aussichtslos ist. In der Mathematik ist es nämlich ganz ähnlich: Der Zählprozess, dem alle Mathematik zugrunde liegt, ist für sich autonom. Man kann nicht anders zählen als in der Art, wie es alle Menschenkinder von ihren Müttern und Vätern lernen. Aber im Wesen dieses Prozesses liegt, dass die ihn konstituierenden einzelnen Zahlen für sich gesehen völlig wertlos sind. Sie sind Fossile, totes Gestell im Zuge eines lebendigen, offenen, unvollendbaren Prozesses, der in das Unendliche führt, ohne dieses jemals zu erreichen. Darum leben zum Beispiel die eigenartigen und von der Mathematik inspirierten Installationen einer Hanne Darboven oder eines Mario Merz wesentlich davon, dass die Künstlerin und der Künstler sie eigentlich nie abschließen wollen, der Abbruch am Werk eine fast schmerzhafte Willkür bedeutet. Die prinzipielle Offenheit zum Unendlichen hin, die sie zum Ausdruck zu bringen versuchen, enthüllt im Auge der Betrachterin oder des Betrachters zugleich ihre Bedeutung.

Mathematik und das Leben

Was ist Leben?

In der Mitte des 20. Jahrhunderts veröffentlichte der Physiker, Philosoph und Nobelpreisträger Erwin Schrödinger eine kleine Schrift unter dem Titel „Was ist Leben?“. Mit ihr leitete er den Wechsel in der Vorherrschaft unter den Naturwissenschaften von der Physik zur Biologie ein. Möglicherweise unbeabsichtigt, denn Schrödinger behauptete in seinem Buch, Biologie sei Teil der Physik. Ging er doch von dem der Quantentheorie, also der Physik der Materie wohlbekannten Bild des Kristalls aus und vertrat die These, auch das Substrat des Lebens sei in etwas Ähnlichem wie einem „aperiodischen Kristall“ verschlüsselt.

Erwin Schrödinger (1887–1961)

In der Tat hat sich Schrödingers Annahme in den darauffolgenden Jahren und Jahrzehnten höchst eindrucksvoll bestätigt.

Vor Schrödinger kennzeichneten Biologen Leben beschreibend anhand einer Liste von Phänomenen wie den folgenden: Der Zusammensetzung des Lebendigen aus Zellen. Dem Stoffwechsel, der Entwicklung des Lebendigen durch Aufnahme der Nahrung, durch Wachstum und Gliederung zu immer komplizierteren Zuständen. Der Fähigkeit des Lebendigen, sich als dieses gegliederte Ganze gegen wechselnde äußere Einflüsse wie die molekulare Wärmebewegung zu behaupten; leblose komplexe Strukturen hingegen zerbrechen, wenn man sie hohen Temperaturen aussetzt: Eiskristalle zum Beispiel schmelzen unter dem Einfluss von Wärme. Dem Vermögen des Lebendigen, sich selbst nach mäßig störenden Eingriffen zu erneuern: kleine Wunden heilen von selbst. Der zeitlichen Begrenzung der individuellen Existenz, gefasst in die Begriffe Geburt und Tod. Schließlich der Fähigkeit zur Fortpflanzung und zur Übertragung der spezifischen Konstitution auf die Nachkommenschaft. All diese Phänomene lassen Belebtes von Leblosem durch einen tiefen Abgrund deutlich getrennt empfinden. Während tote Materie träge ist, erfahren wir das Lebendige als Quelle der Aktivität und *Spontaneität*, und dies immer deutlicher, je tiefer wir in die Welt der Pflanzen und Tiere, Menschen mit eingeschlossen, eindringen.

Nach Schrödinger wandelte sich die Biologie von einer beschreibenden zu einer erklärenden Wissenschaft. Die immer raffinierter werdende chemische und physikalische Analyse komplexer organischer Substanzen zeigte mit zunehmender Deutlichkeit, dass die oben genannten Eigenschaften des Lebendigen nicht für sich selbst stehen, sondern auf einer Basis ruhen, die ihrem Wesen nach sehr abstrakt ist: Sie beruhen auf der Übertragung von Information. Der aus Österreich stammende Biochemiker Erwin Chargaff, auch er wie Schrödinger ein weit über sein Fachgebiet hinaus wirkender Denker, entdeckte, dass vier komplexe organische Stoffe – zwei von ihnen sind sogenannte Purinbasen, die beiden anderen sogenannte Pyrimidinbasen – als Informationseinheiten dienen. James Watson und Francis Crick, zwei Anfang der 1950er-Jahre junge Chemiker, griffen eine Idee des genialen Gelehrten Linus Pauling auf: Diese Purin- und

Linus Pauling (1901–1994)

Pyrimidinbasenmoleküle müssen irgendwie geometrisch raffiniert angeordnet sein. Watson und Crick fanden dies in der Doppelwendel eines riesigen Nukleinsäuremoleküls, der berühmten DNS, bestätigt. Der Übertragungsvorgang der biologischen Information erfolgt dadurch, dass sich wie bei einem Zippverschluss die Doppelwendel der DNS öffnet und die beiden Stränge, die sie umgebenden organischen Substanzen ausnützend, sich wieder zu Doppelwendeln ergänzen. Beide Nachkommen sind, von seltenen, aber zuweilen doch vorkommenden Abweichungen abgesehen – Mutationen fußen darauf –, mit der ursprünglichen Doppelwendel identisch. Die Übertragung biologischer Information ist, vereinfacht gesprochen, eine Art Kopiervorgang.

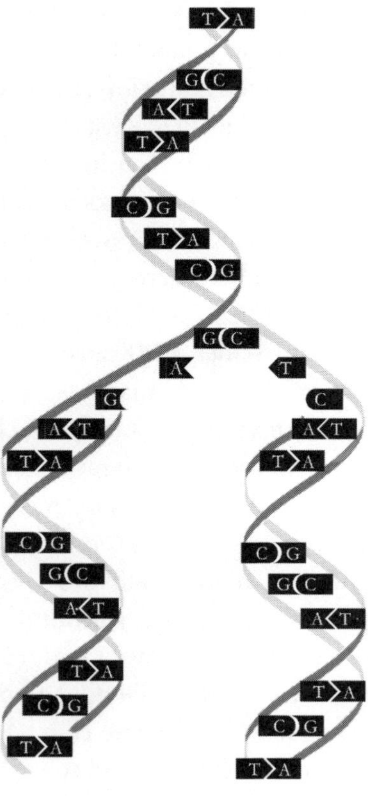

Abb. 15: Der Übertragungsvorgang der biologischen Information erfolgt dadurch, dass sich wie bei einem Zippverschluss die Doppelwendel der DNS öffnet und die beiden Stränge sich wieder zu Doppelwendeln ergänzen. Die eingezeichneten Buchstaben bezeichnen die vier Purin- und Pyrimidinbasenmoleküle: A = Adenin, T = Thymin, G = Guanin, C = Cytosin.

Die Doppelwendel der DNS ist jener „aperiodische Kristall", den Schrödinger in der Analogie zu den Kristallen der anorganischen Welt vor seinem geistigen Auge hatte.

Doch Schrödinger irrte, wenn er geglaubt haben sollte, dass mit dieser Einsicht die Biologie zu einer physikalischen Disziplin reduziert würde. Dass dies nicht der Fall war, lag an der immensen Wucht der Erkenntnisse von Chargaff, Pauling, Watson, Crick und der anderen daran Beteiligten. Der Wechsel von der beschreibenden zur erklärenden Biologie machte nicht an den Barrieren physikalischer Konzepte halt, er brach bis zur Mathematik durch, jener formalen Wissenschaft, die mit dem Begriff der Zahl und mit dem Instrument der Rechnung die Codierung, die Übertragung und die Decodierung von Information zu beschreiben versteht.

Schärfer formuliert: Schrödinger stand – gewollt oder ungewollt – mit seiner Schrift in der Tradition von Julien Offray de La Mettrie und von René Descartes: Diese beiden Naturforscher und Philosophen erklärten Lebendiges als Maschinelles. Zwischen einer Katze und einer Uhr bestehe aus ihrer Sicht kein prinzipieller Unterschied. Descartes schloss dabei noch ausdrücklich den Menschen aus, weil er ihm eine unkörperliche und daher auch nicht wie eine Maschine funktionierende Seele zusprach. De La Mettrie hingegen bezog in seiner 1748 erschienenen Schrift „L'homme machine" mit brutaler Konsequenz ausdrücklich auch den Menschen in sein System mit ein: Lebendige Wesen seien nichts anderes als komplizierte mechanische Maschinen, das Bild des Uhrwerks schwebte ihm vor. Schrödinger vermutete Lebendiges als Quantenphysikalisches. Doch die Quantenphysik selbst ist im Grunde eine rein mathematische Theorie. Und so ist es

Julien Offray de La Mettrie (1709–1751)

nur folgerichtig, im Programm der Biologie die Rückführung des Lebendigen auf die Rechenmaschine zu erkennen: Lebensvorgänge als komplexe Kalküle mit den in Zahlen verschlüsselbaren Informationen aufzufassen.

Wir haben uns heute bereits so sehr dieser Vorstellung ergeben, dass wir ohne Weiteres von der „Entschlüsselung" des menschlichen Erbguts sprechen, als ob es sich hierbei um ein digitales Objekt handle. Wir verbinden gleichsam damit das Bild, das menschliche Genom sei dem Wesen nach mit der metallenen CD-Scheibe gleichzusetzen, worin Information in einem riesigen Ungetüm, bestehend aus Nullen und Einsen, gespeichert ist, kurz gesagt: nichts anderes als eine Zahl. Gerhard Vollmer oder Holm Tetens, um nur zwei Vertreter dieser Denkrichtung zu nennen, verkünden, ohne spürbaren Widerspruch zu erfahren, vollmundig die Wiedergeburt der Thesen de La Mettries – in „modernerer" Fassung, die Maschine nun als Rechenmaschine präzisierend. Für den erfolgreichen und allseits auf offene Ohren stoßenden Ray Kurzweil ist es bloß eine Frage der Zeit, einer seiner Meinung nach sogar recht kurzen, wenige Jahrzehnte benötigenden Zeitspanne, bis elektronische Digitalgeräte die biologischen Organismen vollwertig ersetzen, schließlich sogar hinwegfegen werden, weil sie perfekter, langlebiger, robuster funktionieren. Das Leben ist ein Zahlenspiel.

Welches Moment aber ist es, das dem Zahlenspiel die Attribute des Lebendigen zu verleihen vermag?

Zahl und Zählen

Denn von einer Voraussetzung kann man mit Gewissheit ausgehen: Nichts in der weiten Welt verdient mehr „tot" genannt zu werden als die Zahl. Der antike Philosoph Heraklit wies bereits darauf hin: Das die Logik beherrschende „Prinzip der Gleichheit", *a* sei gleich *a*, besitzt nirgends im lebendigen, sich wandelnden Kosmos Gültigkeit: Nie steigt einer in den gleichen Fluss. Denn beim zweiten Mal fließt anderes Wasser vorbei. Und man selbst ist ein anderer geworden. Aber wenn man sich dem abstrakten logischen Denken verschreibt, wenn man Wahrnehmungen in Begriffe fassen will, beruft man sich ununterbrochen auf das Prinzip der Gleichheit. Doch nur bei den starren, unveränderlichen, toten Objekten, bei Steinen und Sternen, scheint es wenigstens angenähert gewahrt. Aber sogar die Steine zerbröseln und die Sterne explodieren in Jahrmillionen. Und so bleibt als einziges, in alle Ewigkeit unveränderliches, immer mit sich selbst identisches Objekt die Zahl übrig. Die Starre der Zahlen ist es, welche die Exaktheit des arithmetischen Gesetzes garantiert und so die Mathematik unter allen Wissenschaften auszeichnet.

Und trotzdem gelingt es der Mathematik, mit den unveränderlichen Zahlen Wandel und Wechsel zu erfassen. Dies ist das Erstaunlichste an der Physik Newtons und seiner Epigonen, dass die Bewegungen der Himmelskörper und der irdischen Mechanismen ihre Erklärung in mathematischen Gesetzen finden. Diese verblüffende Leistungsfähigkeit der Mathematik setzte sich in der Physik der Wellen und der Wärme, schließlich in der Quantenphysik der Zustandsänderungen der Materie und von chemischen Reaktionen fort. Die These von der Rückführbarkeit des Lebendigen auf arithmetische Kalküle scheint somit nur die folgerichtige Fortsetzung dieser Entwicklung zu sein. Was ermöglicht die Erklärung von Veränderung mithilfe toter Zahlen?

Die Antwort liegt darin verborgen, dass es in der Mathematik – im Gegensatz zu Buchhaltung oder Rechnungswesen – nicht auf die einzelnen Zahlen selbst ankommt, sondern auf deren Konstruktion, auf den Zählvorgang. Die einzelne Zahl ist ein Fossil, ein stummer Zeuge eines seinem Wesen nach nie zu Ende kommenden Projekts: des mit der Zahl Eins anhebenden und von jeder Zahl zur nächsten voranschreitenden Zählens. So einfach, ja geradezu simpel der Zählvorgang ist, so schwierig ist es, sich der in ihm manifestierenden Tiefe bewusst zu werden.

Ein wenig beginnt man dies zu ahnen, wenn man an die riesigen, schier unvorstellbar großen Summen Geldes denkt, von denen man zuweilen hört. Wenn zum Beispiel Staaten marode gewordenen Banken Hunderte Milliarden Dollar als Sicherheiten gewähren. Zählte man Tag und Nacht und wechselte man in jeder Sekunde von einer Zahl zur nächsten, käme man selbst in hundert Jahren nicht einmal an fünf Milliarden heran. Aber mit der richtigen Unterschrift, gesetzt in einem Augenblick, sind plötzlich hundert Milliarden irgendwie vorhanden. Doch aus der Sicht der Mathematik ist hundert Milliarden eine kleine Zahl. Sie mit sich selbst multipliziert ergibt zehn Trilliarden. Diese Zahl ist zwar um einiges größer, aber auch sie bleibt noch klein. Jede Zahl, die man nennt, ist im Grunde „klein". Denn nur endlich viele Zahlen wurden beim Zählen vor ihr genannt. Die meisten Zahlen, ja fast alle, übertreffen sie an Größe. Egal, wie weit man bisher gezählt hat, man wird nie weit gekommen sein. Fast alle Zahlen warten noch darauf, gezählt zu werden.

Totes und Lebendiges auf einer Skala

Bei Punkten einer Skala, die mit Dezimalzahlen beliebig genau eingegrenzt werden können, finden wir diesen sich nie erschöpfenden Prozess wieder. Wenn zum Beispiel 22 durch 7 geteilt wird, folgen auf den ganzzahligen Teil 3 die Nachkommastellen 142 857 142 857 142 857..., und dies unaufhörlich. Jedoch: Hier erkennt man unmittelbar die Periodizität der endlichen Ziffernfolge 142 857, was dem Prozess seine Schärfe nimmt. Er ist in einem simplen, endlichen Kalkül darstellbar und daher genauso „tot", wie die beiden Zahlen 22 und 7 „leblos" sind. Spannender wird es, wenn man auf die von $^{22}/_{7}$ gar nicht so weit entfernte Größe π verweist, welche das Verhältnis von Umfang zu Durchmesser des Kreises benennt. Versucht man π als Dezimalzahl zu schreiben, folgen ihr auf den ganzzahligen Teil 3 die Nachkommastellen 141 592 653 589 793 238... . Von Johann Heinrich Lambert, einem schweizerisch-elsässischen Mathematiker des 18. Jahrhunderts, wissen wir, dass niemals ein Abbruch erfolgen und niemals eine Periodizität auftauchen wird.

Die Analogie der periodischen Dezimalzahlen wie $^{22}/_{7}$ zu dem toten Kristall und der Größen wie π mit scheinbar willkürlich aufeinanderfolgenden Nachkommastellen zu dem „aperiodischen Kristall“ Schrödingers drängt sich auf. Sie ist tiefer, als man von vornherein vermuten möchte.

Denn Newton gelang die mathematische Analyse von Bewegung erst mithilfe solcher „aperiodischer Größen“. Mit anderen Worten: Erst wenn man von den einzelnen Zahlen zu dem seinem Wesen nach unendlichen Zählprozess übergeht, wird die Bedingung der Möglichkeit hergestellt, der starren, vom Prinzip der Gleichheit beherrschten Welt zu entfliehen. Dabei verstand Newton selbst noch gar nicht, wie die „aperiodischen Größen“ in das ihm bekannte Gerüst von Mathematik einzuordnen wären. Er schwindelte sich darüber regelrecht hinweg, indem er – modern formuliert und die Begriffe seines Kontrahenten Leibniz verwendend – von „Differentialen“ sprach. Diese seien, so Newton, eigentümliche Größen, die „infinitesimal“, also nur um einen Hauch von null verschieden sein sollten. Sie seien sehr klein. Manchmal darf man sie null setzen, manchmal wieder nicht. Bischof George Berkeley, ein Zeitgenosse Newtons und begnadeter Denker, mokierte sich über solche Dinge zu Recht: Wie können Differentiale, so fragte er, bei der einen Formel Newtons von null verschieden sein und bei der nächsten ohne Schaden anzurichten durch null ersetzt werden? Was sind sie? Etwa, so drückte sich Berkeley ironisch aus, „ghosts of vanishing quantities“, Gespenster verschwindender Größen? Und süffisant setzte er nach: Wenn Theologen sich solcher Argumente bedienten, würde man sie, und dies zu Recht, völlig haltloser Spekulationen zeihen.

Aller Ungeklärtheiten, was Differentiale in Wahrheit bedeuten, zum Trotz, setzte sich die Differentialrechnung in praktisch allen Bereichen angewandter Mathematik durch. Wenn heute Techniker von Geschwindigkeiten, Ökonomen von Grenzerträgen, Biologen von Wachstumsraten sprechen, wenn eine „Differentialanalyse“ der Ärztin den Einblick in den zeitlichen Verlauf einer Krankheit quantitativ vermitteln soll, stecken hinter all diesen Begriffen Differentialquotienten. Sie sind nach einem eigenartigen, von Newton ersonnenen Verfahren ermittelte Verhältnisse von Differentialen, von Größen, die null und doch nicht null sind, und darin dem Prinzip der Gleichheit Hohn sprechen.

Die Antwort auf die Frage Berkeleys, was einen dazu berechtigt, wie Newton mit Differentialen zu rechnen, ließ bis zum 20. Jahrhundert auf sich warten. Der eminente niederländische Mathematiker Luitzen Egbertus Jan Brouwer hat sie wohl am deutlichsten ausgesprochen: *Das prinzipielle Unvermögen der Logik, die Unendlichkeit der im Zählprozess konstruierten Zahlen zu begreifen, ermöglicht erst, logisch widerspruchsfrei mit Differentialen zu rechnen.* Was ist damit gemeint?

Der scharfsinnige Sophist Zenon, ein gewiefter Denker der griechischen Antike, ahnte bereits das Unvermögen der Logik gegenüber der wandelbaren Welt. Er sah es nur anders. Er vertraute blind der Logik und misstraute der wandelbaren Welt. Seine Zeitgenossen und alle hellhörigen Philosophen danach beunruhigte er mit dem Bild des fliegenden Pfeils, der dennoch ruht. Der fliegende Pfeil nimmt in jedem Augenblick eine bestimmte Position ein, immer ruht er an einer bestimmten Stelle, also ruht er. Warum, so fragt Zenon allen Ernstes, gelingt es unserem Finger, sich zu bewegen, gleichsam unbeschwert an einer Skala entlangzugleiten? Brouwer erkennt in der Tradition des Aristote-

Luitzen Egbertus Jan Brouwer (1881–1966)

les, dass man darauf nur so antworten kann: Zenon glaubt, über die unendlich vielen möglichen Positionen des Pfeils, über die unendlich vielen Punkte der Skala, die der Finger berührt, mit der gleichen Logik sprechen und argumentieren zu können, die sich eigentlich nur dann bewährt, wenn man bloß endlich viele Dinge in den Blick nimmt. Offenbar zerbricht die Logik angesichts des Unendlichen. Auch Kalküle, also Rechnungen, kommen nur dann zu einem Ergebnis, wenn sie dieses in endlich vielen Schritten erfassen.

Das Leben und die freie Wahl

Die Pointe der Bewegungsfähigkeit unseres Fingers besteht in der Auffassung der Mathematik Brouwers darin, dass alles Rechnen mit endlichen Kalkülen ihr gegenüber versagt. Selbst so komplizierte Größen wie π, hinter deren wirrer Folge von Nachkommastellen immer noch ein endliches Gesetz steckt, das bildhaft gesprochen einen Supercomputer damit quält, den Umfang eines Kreises immer akribischer mit dessen Durchmesser zu vergleichen, stellt nämlich keinesfalls das Nonplusultra von Punkten einer Skala dar. Auf ihr sind darüber hinaus unzählig viele völlig wirre Größen untergebracht, bei denen die Nachkommastellen der sie immer genauer erfassenden Dezimalzahlen ganz und gar willkürlich aufeinanderfolgen. Abgeleitet vom lateinischen Wort alea für Würfel nennt man sie treffend: aleatorische Größen. Brouwer sprach davon, dass sich in ihnen „freie Wahlen eines kreativen Subjekts" niederschlagen. Die Kreation der Nachkommastellen aleatorischer Größen erfolgt genauso spontan, wie die Zahlen im Casino von Monte Carlo, von einem blinden Geschick geleitet, aufeinanderzufolgen scheinen. Zwar kann man von einer aleatorischen Größe zehn, hundert, tausend, Millionen, beliebig viele Nachkommastellen einer sie näherungsweise erfassenden Dezimalzahl berechnen. Aber damit hat man sie eben immer nur ungefähr und nie exakt fixiert. Nie und nimmer wird von einer aleatorischen Größe, selbst wenn sie mit dem ganzzahligen Teil null beginnend tausend weitere Nullen als Nachkommastellen nennt, sich exakt an null festmachen lassen. Auch dann nicht, wenn sie eine Million Nullen als erste Million Nachkommastellen besitzt. Denn immer noch kann, an der milliardsten, billionsten oder trilliardsten Nachkommastelle eine Ziffer Eins oder eine Ziffer Neun als plötzlicher Einwurf zutage treten. Dieses nie enden wollende Schwanken, dieses auf der Unendlichkeit des Zählens beruhende, prinzipiell untilgbare Fluktuieren von Punkten ist die eigentliche Bedingung der Möglichkeit von Differentialen.

Und so etwas hat Auswirkungen auf die Wirklichkeit? Diese Frage drängt sich sofort auf. Ja, lautet die Antwort, sogar schon bei relativ einfachen Prozessen wie dem Wetter. In den 1970er-Jahren hatte der Meteorologe Edward Norton Lorenz die damals vorhandenen besten Computer mit mathematischen Gleichungen gefüttert, die ihm bei sehr vereinfachten Modellen des Wetterverlaufs untergekommen sind. Und er stellte fest: Ändert man die Ausgangsdaten nur minimal, bilden sich mit der Zeit völlig andere Szenarien des Wetters. Die von Lorenz in den Blick genommenen Gleichungen besitzen nämlich die Eigenschaft, instabil zu

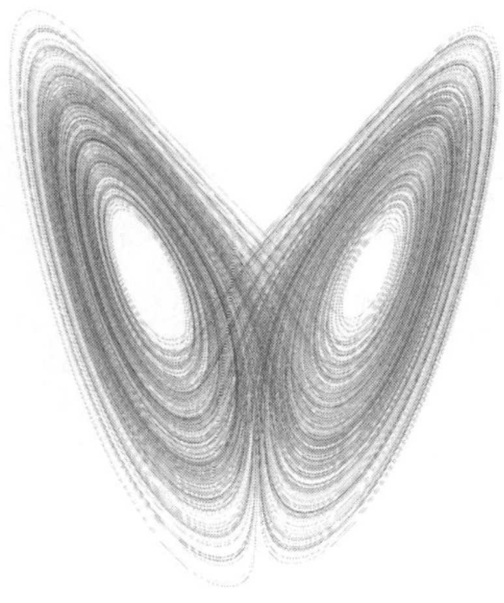

Abb. 16: Der Lorenz-Attraktor beschreibt die eigenartige Lösung eines Gleichungssystems, bei der die Kurve zwischen zwei Umlaufbereichen hin- und herspringt. Dieses Sprungverhalten ist so subtil von den in die Gleichungen einfließenden Daten abhängig – die kleinste Änderung von beliebig weit hinter dem Komma verborgenen Dezimalstellen fließt hier ein –, dass eine Vorausberechnung des Verhaltens der Lösungskurve undurchführbar ist.

sein. Es ist in ihrer Struktur verankert, dass die Änderung einer der Ausgangsgrößen, selbst an einer beliebig weit hinter dem Komma entfernten Nachkommastelle, die Lösung der Gleichungen nachhaltig verändert.

Aus der Struktur der mathematischen Gleichungen, die das Wetter regieren, kann die Mathematik begründet und verbürgt folgern: Nie wird es gelingen, Wetterprognosen für einen Zeitraum von mehr als einem Dutzend Tage sinnvoll zu erstellen. Das Wetter ist buchstäblich unberechenbar und wird auch in Zukunft prinzipiell unberechenbar bleiben. Und das Lebendige ist es umso mehr.

Denn Spontaneität, das wohl auffälligste unter den Erkennungsmerkmalen des Lebendigen, ist keineswegs ein auf chemische Reaktionsgleichungen, physikalische Gesetze oder endliche Kalküle reduzierbares Phänomen. Es ist nämlich Punkten einer skalierten Skala genauso eigen wie radioaktiven Zerfällen, hüpfenden Heuschrecken oder schnurspringenden Kindern. Das Programm de La Mettries, Lebendiges als Uhrwerk zu erklären, aber auch das Programm seiner Epigonen, die vermeinen, Lebendiges als Rechenmaschine entlarven zu können, ist zum Scheitern verurteilt. Denn der Urgrund aller denkbaren Erklärungsmuster, die Mathematik, ist – im weitesten Sinn des Wortes – selbst lebendig.

Mathematik und Wirtschaft

Tauschen – Täuschen – Rechnen

Nirgends hat man mehr mit Zahlen zu tun als in der Wirtschaft. Dies besagt jedoch nicht, dass Wirtschaft und Mathematik eng miteinander verflochten sind. Als die Kulturgeschichte der Mathematik begann, war sogar das Gegenteil der Fall. Pythagoras und alle seine Schülerinnen und Schüler – er hatte in seinen Kreis Frauen wie Männer aufgenommen – verachteten die Händler und die Geldleute. Denn die Pythagoreer waren überzeugt, dass Zahlen viel zu edel seien, als dass man sie mit dem schnöden Mammon in Berührung bringen dürfe. Ein wenig ahnt man noch heute von dieser alten Tradition, wenn Mathematiker als verschroben, weltabgewandt, den einfachsten Dingen des Lebens gegenüber hilflos karikiert werden. Nicht ganz ohne Grund. Einige der Zunft pflegen dieses Image, manche vielleicht aus Koketterie.

Doch auch sie müssen eingestehen: Das Rechnen hat mit Tauschen und Täuschen begonnen. Vor 6000 Jahren schickte ein sumerischer Bauer seinen Knecht mit einer Herde Kühe und einer Herde Schafe in die Stadt, um die Tiere zu verkaufen. Wie konnte der Bauer sichergehen, dass der Knecht genau so viele Tiere abliefert, wie er anvertraut bekam? Ohne zählen zu können, war der Bauer einem betrügerischen Knecht auf Gedeih und Verderb ausgeliefert.

Doch der Bauer wusste sich zu helfen. Er nahm ein Tongefäß, in das er für jede Kuh, die er dem Knecht gab, eine Kugel, und für jedes Schaf, das er dem Knecht gab, eine Scheibe in das Gefäß legte. Danach verschloss und versiegelte er das Gefäß und drückte es dem Knecht in die Hand. Wenn dieser zum Händler in die Stadt kam, brach der Händler das Siegel und begann zu zählen: Für jede ihm gelieferte Kuh nahm er eine Kugel aus dem Gefäß, für jedes Schaf eine Scheibe. Wehe, wenn eine Kugel oder eine Scheibe oder gar mehrere Kugeln oder Scheiben im Gefäß zurückblieben! Manchmal, wenn auch selten, wird es bei einer langen Reise in die Stadt geschehen sein, dass mehr Tiere als Kugeln oder Scheiben abgeliefert wurden – völlig exakt hält sich das Lebendige nicht an die tote Konstanz der Zahlen. Dann hatte der Knecht mehr als nur gute Arbeit geleistet.

Zuweilen ritzten die Bauern Symbole für die Kugeln und die Scheiben auf die Oberfläche des Gefäßes. So konnte der gute Hirte während der Reise kontrollieren, ob ihm eines seiner Schafe verloren gegangen war. Schließlich kam man auf die Idee, dass die Zeichen als Botschaft genügen: Die ersten Symbole für Zahlen waren erfunden. Der Handel hat uns das Zählen, das Addieren und das Subtrahieren gelehrt.

Auch das Dividieren, sobald der Bauer viele Knechte hatte und die Fülle der Säcke, in denen er die an die Knechte zu verteilende Ernte vor sich sah: Wie viele der 51 Säcke soll jeder seiner 15 Knechte bekommen? Anfangs wird man wohl so vorgegangen sein, dass man die Knechte eine Reihe bilden ließ. Jeder von ihnen ging am Bauern vorbei, nahm sich einen Sack und reihte sich danach wieder hinten an, um vielleicht, wenn er wieder an die Reihe kam, noch einen Sack zu erhalten. Wir sehen, dass mit dieser Methode die ersten 6 der 15 Knechte im Vorteil waren, denn 51 durch 15 geteilt ergibt 3, aber es bleibt dabei noch 6 als Rest. Also erhielten die ersten sechs Knechte in der Reihe sogar vier Säcke, die übrigen neun jedoch nur drei. Gerecht ist das nicht, wenn alle Knechte gleich viel schuften mussten. Da war es doch besser, wenn man vor der Verteilung die Rechnung 51 : 15 durchführte, jedem der 15 Knechte in einem Zug drei Säcke gab und die sechs verbliebenen Säcke ins Lager steckte, als Vorrat für mögliche schlechte Zeiten.

In Ägypten war es wichtig, multiplizieren zu beherrschen, um die Flächeninhalte der rechteckigen Felder berechnen zu können. Nach jeder Überflutung des Landes durch den Nil galt es, den Bauern die Felder neu zuzuteilen. Schon früh bemerkten die ägyptischen Vermessungsbeamten, dass es einen Unterschied macht, ob ein Feld 10 Klafter breit und 70 Klafter lang ist, ob es 20 Klafter breit und 60 Klafter lang ist, ob es 30 Klafter breit und 50 Klafter lang ist, oder ob es ein Quadrat mit 40 Klafter Länge und Breite darstellt. Obwohl in allen vier Fällen der Umfang der Felder 160 Klafter beträgt, umfasst der Flächeninhalt des ersten nur $10 \times 70 = 700$ Quadrate mit einem Klafter Seitenlänge, der des zweiten schon $20 \times 60 = 1200$ dieser Quadrate, der Flächeninhalt des dritten noch mehr, nämlich $30 \times 50 = 1500$ dieser Quadrate, und der des vierten sogar $40 \times 40 = 1600$ dieser Quadrate.

Seit den Anfängen der ersten Hochkulturen sind die Grundrechnungsarten unentbehrlich für das Wirtschaften. Aber wirklich zur Hochkultur entwickeln konnte sich eine Gemeinschaft nur, wenn darüber hinaus die für die Wirtschaft wichtigste Größe in das Denken mit einbezogen wurde: die Zeit.

Zeit ist Geld

Die biblische Geschichte über Josef, einen der zwölf Söhne des Patriarchen Jakob, den seine Brüder verstoßen haben, berichtet in Andeutungen vom Wirtschaften in der damaligen Ära: Josef hatte nämlich durch seine Gabe, Träume richtig deuten zu können, in Ägypten, sogar beim Pharao selbst, großen Einfluss erlangt. Er war zudem ein kluger Mann und gab den wirtschaftlich vernünftigen Ratschlag, das der jeweiligen Zeit Angemessene zu tun: Sieben fette Jahre werden kommen, da wäre es unvernünftig, das in diesen Jahren geerntete Getreide, welches nicht verzehrt wird, gleich zu verkaufen. Denn nach den sieben fetten Jahren kommen sieben magere Jahre. In ihnen kann das in den Kornspeichern gelagerte

Getreide den Hunger der Bevölkerung stillen. Und der weitere Überschuss lässt sich noch immer verkaufen – zu einem immens hohen Preis. So macht man Geschäfte: zur rechten Zeit mit der rechten Ware an der Stelle zu sein. Eben zu dieser Zeit der sieben mageren Jahre kamen zehn der elf Brüder Josefs von ihrer Heimat Kanaan nach Ägypten, weil auch in ihrem Land die Ernten viel zu gering waren, um alle ernähren zu können. Sie baten Josef, den sie nicht als ihren Bruder erkannten, auch ihrer Bevölkerung Getreide zur Verfügung zu stellen. Josef, im Bewusstsein seiner wirtschaftlichen Macht, verlangte von ihnen schier Unbezahlbares.

Die Geschichte setzt sich danach ziemlich verwickelt, schließlich mit einem guten Ausgang für Josef, seine Brüder und seinen greisen Vater Jakob fort. Uns beschäftigen aber nicht deren familiäre Zwistigkeiten, sondern dass es bereits damals, als man noch gar kein geregeltes Geldwesen hatte, üblich war, Güter, die man eigentlich selbst nutzen könnte, anderen zur Verfügung zu stellen. Wenn ein Gutsbesitzer oder gar ein Verwalter eines riesigen Landes, wie Josef es war, Getreide lieh, wurde gewöhnlich vereinbart, dass dieses nach der nächsten ertragreichen Ernte mit einem Aufschlag von 50 und mehr Prozent zurückgegeben wurde. Ein derartiger Aufschlag ist der „Zins"; das Wort stammt vom lateinischen census, das „Abgabe" bedeutet. Diesen Zins begründete der Getreideverleiher aus der Tatsache, dass er mit der Entscheidung, einen Teil seines Getreides zur Verfügung zu stellen, im kommenden Jahr bei der eigenen Aussaat entsprechend weniger Ernte erzielen werde.

Als im Altertum die Geldwirtschaft eingeführt wurde, waren die Verleiher von Geld ebenfalls darauf erpicht, mit ihren Geschäftspartnern Verträge so zu schließen, dass der Empfangende, also der Schuldner, der Person, die das Kapital zur Verfügung stellt, also dem Gläubiger, nach einer vereinbarten Zeit nicht nur die verliehene Summe, sondern auch einen darüber hinaus gehenden Betrag, den Zins, zu bezahlen habe. Die Verträge, welche geschlossen wurden, sollten sowohl dem Schuldner als auch dem

Gläubiger nützlich sein: Dem Schuldner, weil er mit dem erhaltenen Kapital Geschäfte treiben kann, die ihm, so erwartet er, mehr einbringen als die Rückzahlung samt Zins. Und dem Gläubiger, weil er allein durch die Verleihung ohne weitere Anstrengung durch den Zins sein Eigentum, jedenfalls nach der erfolgten Rückzahlung, vermehrt hat.

Aristoteles misstraute der Idee, dass Geld „arbeiten" könne, ja er hielt den Zins sogar für „hassenswert, weil er aus dem Geld selbst den Erwerb zieht und nicht aus dem, wofür das Geld da ist. Denn das Geld ist um des Tauschens willen erfunden worden. Durch den Zins vermehrt es sich dagegen durch sich selbst."

Thomas von Aquin stimmte Aristoteles zu: Er fasste den Zins als Preis für die Zeit auf, in welcher der Gläubiger auf sein Geld verzichte. Die Zeit jedoch, so Thomas, sei ein Geschenk Gottes und dürfe nicht verkauft werden. Und der Reformator Martin Luther war sich hier mit Thomas einig, wenn er wetterte: Nichts als Diebe, Räuber und Mörder seien die verruchten Zinsnehmer.

Doch im 17. Jahrhundert begann der große wirtschaftliche Aufschwung. Flanderns aufstrebende Handelsstädte ließen sich in ihrer Entfaltungsfreiheit nicht durch Verbote aus antiken und mittelalterlichen Zeiten einengen. Weltliches Wachstum erforderte viel Kapital. Dafür war man bereit, mit Zinsen zurückzuzahlen. Überregional organisierte Kreditmärkte entstanden. Die Amsterdamer Börse wurde gegründet. Von da an mussten alle die Erfahrung sammeln, was Zinsen bedeuten.

Zinseszins

Ein seltsames Ding ist die Zeit. Dies lernten seit der Einführung von Zinsen manche Schuldner bitter zu spüren, die sich ein Kapital von hundert Gulden mit einer Verzinsung von zehn Prozent im Jahr ausliehen. Wie viel müssen sie samt Zinsen in sieben Jahren zurückzahlen? Der naive Schuldner rechnet so: Zehn Prozent von hundert

Gulden sind zehn Gulden; diese muss ich sieben Mal zu dem geliehenen Kapital hinzuschlagen, also habe ich dem Gläubiger nach den sieben Jahren 170 Gulden zu geben. Mache ich mit dem geliehenen Geld ein Geschäft von 180 Gulden Gewinn, bleiben mir netto 10 Gulden Reingewinn. Weit gefehlt. Denn nach einem Jahr beträgt die Schuld samt Zinsen bereits 110 Gulden, nach dem zweiten Jahr kommen von diesen wieder zehn Prozent als Zinsaufschlag hinzu, was 121 Gulden ergibt, nach dem dritten Jahr sind dies um rund 12 Gulden vermehrt 133 Gulden, nach dem vierten Jahr um rund 13 Gulden vermehrt 146 Gulden, nach dem fünften Jahr um rund 15 Gulden vermehrt 161 Gulden, nach dem sechsten Jahr um rund 16 Gulden vermehrt 177 Gulden und nach dem siebenten Jahr um rund 18 Gulden vermehrt 195 Gulden. Grob gesprochen: Bei einer zehnprozentigen jährlichen Verzinsung hat sich nach sieben Jahren die Schuld praktisch verdoppelt.

Diese Rechnung beschreibt sehr gut eine Faustregel der Zinsenrechnung, bei der man zusammen mit den Zinsen auch den Zinseszins berücksichtigt, also die Tatsache, dass bei der Verzinsung im Folgejahr das um die bisherigen Zinsen vermehrte Kapital als Grundwert in die Rechnung einfließt: *Dividiert man die Zahl 70 durch den in Prozent angegeben jährlichen Zinssatz, ergibt sich daraus die Zahl der Jahre, nach denen sich das Kapital verdoppelt.*

Wer also auf ein Sparbuch tausend Euro einlegt und eine jährliche Verzinsung von 3,5 Prozent vereinbart, darf somit nach einer gewissen Zeit damit rechnen, dass zweitausend Euro sein Eigen sind. Man muss nur 70 durch 3,5 dividieren: Etwa 20 Jahre dauert es, bis aus den tausend Euro zweitausend Euro geworden sind. Langsam ernährt sich das Eichhörnchen. Aber nur zu Beginn. Wartet man ein wenig mehr als 200 Jahre, ist man Millionär geworden. Denn in diesen 200 Jahren ereignen sich ziemlich genau zehn Verdopplungen des Kapitals, und tausend Euro zehn Mal verdoppelt ergeben das 1024-Fache von tausend Euro, also mehr als eine Million Euro.

Niemand aber will 200 Jahre warten. Wie wird man schneller vermögend?

Ein Trick, seine Ersparnisse wenigstens um einen Hauch besser zu veranlagen, besteht darin, mit der Bank zu vereinbaren, dass die jährliche Verzinsung von 3,5 Prozent halbjährlich aufgeteilt wird: Jedes halbe Jahr wird das Kapital mit 1,75 Prozent verzinst. Naive erkennen keinen Unterschied zwischen den beiden Veranlagungen. Aber wenn man bedenkt, dass wegen des Zinseszinses das schon bisher verzinste Kapital als Grundwert für die darauffolgende Verzinsung herangezogen wird, versteht man sofort, dass bei der halbjährlichen Verzinsung mit dem halben Jahreszinssatz der Zinseszins doppelt so oft zum Tragen kommt. Wenn man haarscharf nachrechnet, bekommt man bei der jährlichen Verzinsung mit 3,5 Prozent nach 20 Jahren aus den tausend Euro auf Cent genau 1989,79 Euro, bei der halbjährlichen Verzinsung mit 1,75 Prozent nach 20 Jahren jedoch auf Cent genau 2001,60 Euro. Der Unterschied von knapp zwölf Euro ist nicht gerade umwerfend, aber für eine Bank in Anbetracht der Fülle von Spareinlagen einerseits und Krediten andererseits, die sie verwalten muss, nicht zu vernachlässigen.

Noch ein kleinwenig besser würde man abschneiden, wenn man eine quartalsmäßige Verzinsung mit dem Viertel des Jahreszinssatzes vereinbart. Oder wenn man gar monatlich mit dem Zwölftel des Jahreszinssatzes verzinsen lässt. Der Basler Mathematiker Jakob Bernoulli bewies jedoch, dass mit dieser Methode die Bäume nicht in den Himmel wachsen: Selbst wenn man, wie es heißt, „stetig“ verzinst, gleichsam jeden Augenblick das Kapital um den winzigen, diesem Augenblick – in Hinblick auf den festgelegten Jahreszinssatz – entsprechenden Zinssatz erhöht, ändert sich an der oben genannten Faustregel fast gar nichts. Dividiert man 70 durch den in Prozent angegebenen Jahreszinssatz, nennt die Faustregel die Verdopplungszeit des Kapitals in Jahren. Bei der jährlichen Verzinsung bleibt man jedoch knapp unter der Verdopplung, bei der stetigen Verzinsung kommt man ganz knapp über die Verdopplung des zu Beginn investierten Kapitals. Wirklich vermögend wird man so nicht.

Arbitrage und Spekulation

Also sieht man sich an der Börse um und versucht sich in Termingeschäften. Nehmen wir zunächst an, dass sowohl in Europa als auch in den USA der Zinssatz für einjährige Staatsanleihen gleich hoch ist und drei Prozent beträgt. Der Euro soll gegenwärtig 1,20 Dollar kosten, aber es taucht ein Anbieter auf, der vertraglich garantiert, in einem Jahr für 1,19 Dollar einen Euro zu wechseln. Falls dies zuträfe, könnte man innerhalb eines Jahres mit Garantie Millionär werden. Man geht nämlich mit diesem Anbieter das Termingeschäft, das in der Fachsprache ein *forward contract* heißt, ein und nimmt einen Kredit von einer Milliarde Euro auf. Diese tauscht man zum Tagessatz in 1200 Millionen Dollar um und legt sie für ein Jahr in sichere amerikanische Staatsanleihen an. Nach dem Jahr erhält man aus der garantierten dreiprozentigen Verzinsung 1236 Millionen Dollar und gibt sie dem Anbieter des Termingeschäfts. Er muss vertragsgemäß zum Umrechnungskurs von 1,19 Dollar für einen Euro die Summe von über 1038 Millionen Euro auf den Tisch legen. Die Milliarde Euro Kredit, welche wir aufgenommen haben, wird mit dreiprozentiger Verzinsung zurückgezahlt, also sind 1030 Millionen Euro fällig. Als Reingewinn bleiben daher mehr als acht Millionen Euro. So leicht wird man reich, ohne einen Groschen investiert zu haben und ohne jedes Risiko eingegangen zu sein.

Natürlich kann man einwenden, dass im Allgemeinen die Zinsen für einen Kredit weitaus höher sind als die Zinsen für eine sichere Veranlagung. Für die Normalbürgerin und den Normalbürger stimmt das auch, aber für die „big players" an der Börse gelten andere Gesetze. Sie sind im Geschäft so involviert, dass sie zu den gleichen Bedingungen veranlagen wie auch leihen können.

Viel gewichtiger, weil die Illusion vom schnellen Reichtum zerstörend, ist der Einwand, dass sich wohl niemand auf der Börse wird finden lassen, der ein solches Termingeschäft vorschlägt. Auch wird es keinen Anbieter geben, der vertraglich garantiert, in einem Jahr für 1,21 Dollar einen Euro zu wechseln. Denn in diesem Fall würde man genau umgekehrt vorgehen: 1200 Millionen Dollar als Kredit aufnehmen, diese sofort in eine Milliarde Euro wechseln, diese Milliarde sicher in Europa anlegen und nach dem Jahr das mit drei Prozent verzinste Kapital von 1030 Millionen Euro mit Berufung auf die Vereinbarung im Termingeschäft vom Vertragspartner in 1246,3 Millionen Dollar umwechseln lassen. 1236 Millionen Dollar wären für den Kredit zu retournieren, mehr als zehn Millionen Dollar blieben als Gewinn. Nie wird man einen Anbieter finden, der ein derartiges Geschäft vorschlägt.

Was aber ist, wenn die Zinsen für staatlich garantierte einjährige Anleihen in Europa mit zwei Prozent, in Amerika aber mit vier Prozent verzinst werden und der Euro gegenwärtig genau 1,20 Dollar wert ist? Dann können wir von vornherein wissen, wie hoch für ein Termingeschäft in einem Jahr der „Forward-Kurs" lauten wird: Er stellt sich auf genau jenen Wert ein, der ein risikoloses Geschäft, wie wir es oben beschrieben haben, ohne Gewinn, wie man in der Fachsprache sagt: ohne *Arbitrage*, enden lässt. Angenommen, wir nehmen einen Kredit von einer Milliarde Euro auf, tauschen diese zum Tagessatz in 1200 Millionen Dollar um und legen sie in Amerika sicher an. Bei vier Prozent Jahreszins bekommen wir am Ende des Jahres 1248 Millionen Dollar. Unser Gegenüber nimmt einen Kredit von 1200 Millionen Dollar auf, tauscht diese zum Tagessatz in eine Milliarde Euro um und legt sie in Europa sicher an. Bei zwei Prozent Jahreszins bekommt er am Ende des Jahres 1020 Millionen Euro. Wenn keine Arbitrage zustande kommen soll, müssen die 1020 Millionen Euro den gleichen Wert wie die 1248 Millionen Dollar besitzen. Der Forward-Kurs eines Euro in Dollar ergibt sich daher, wenn man 1248 durch 1020 dividiert: Er beträgt knapp 1,22353 Dollar. Exakt dieser Wert wird an der Börse für das einjährige Termingeschäft notiert.

Es gibt keine Aufsichtsbehörde, die diesen Forward-Kurs diktiert, sondern es ist der freie und liquide Markt selbst, der den

Kurs auf genau diesen Wert einpendeln lässt. Die leiseste Abweichung von diesem Wert ruft nämlich „Arbitrageure" genannte Händler auf den Plan, die das oben beschriebene Gewinnspiel zu betreiben versuchen. Darauf nimmt der Kurs sofort wieder denjenigen Wert an, der keine Arbitrage zulässt. An diesem einfachen Beispiel sieht man Adam Smiths Idee von der „invisible hand", der unsichtbaren Hand, die das Marktgeschehen reguliert, verwirklicht.

Was aber bringt es, wenn man den Forward-Kurs des Dollar im Vergleich zum Euro in einem Jahr kennt? Die Antwort lautet: Man kann dann immer noch ein Termingeschäft abschließen. Denn niemand weiß, wie der Kurs des Euro im Vergleich zum Dollar in einem Jahr wirklich lauten wird. Vereinbart man zum Beispiel, bei einem Forward-Kurs von 1,22353 Dollar für einen Euro in einem Jahr 1200 Millionen Dollar in Euro zu wechseln und beträgt nach diesem Jahr der wirkliche Kurs des Euro, aus welchen Gründen auch immer, 1,25 Dollar, hat man einen fetten Gewinn kassiert. Denn man legt dem Vertragspartner die 1200 Millionen Dollar zum Wechseln nach dem vertraglich vereinbarten Forward-Kurs auf den Tisch und er muss dafür 980,77 Millionen Euro geben. Diese sind nach dem nun gültigen Tageskurs 1225,96 Millionen Dollar wert. Der Gewinn von fast 26 Millionen Dollar ist nicht zu verachten. Dumm gelaufen aber ist es, wenn nach diesem Jahr der Euro nicht 1,25 Dollar, sondern nur 1,20 Dollar wert ist. Dann hat man trotzdem dieses Geschäft zu tätigen, aber nun sind die 980,77 Millionen Euro nur mehr 1176,92 Millionen Dollar wert. Mehr als 23 Millionen Dollar sind verloren.

Die Börse kennt im Termingeschäft jedoch die Variante, dass man der zuletzt genannten und sehr unangenehmen Alternative entkommt. Statt das Geschäft in einem Jahr unbedingt abschließen zu müssen, erwirbt man eine *Option*. Eine Option gibt einem das *Recht*, das Termingeschäft, wie vor einem Jahr vereinbart, zu tätigen, *sie verpflichtet aber nicht dazu,* dies zu tun. Wenn man folglich die Option besitzt, in einem Jahr 1200 Millionen Dollar zum Forward-Kurs von 1,22353 Dollar für einen Euro zu wechseln, wird man diese Option tätigen, falls nach diesem Jahr der Euro-Kurs auch nur ein wenig größer als 1,22353 Dollar pro Euro ist. Ist hingegen nach diesem Jahr der Wert eines Euro kleiner als die 1,22353 Dollar, verzichtet man auf das Geschäft, zerreißt seinen Optionsschein und hat wenigstens nichts verloren.

So gesehen scheinen Optionen ein ideales Geschäftsmodell darzustellen. Der Pferdefuß bei ihnen: Ihr Erwerb ist nicht umsonst. Denn irgendwie muss abgegolten werden, dass ein drohender Verlust durch den Verzicht auf das Geschäft abgewendet werden kann. Hier kommt wesentlich ins Spiel, wie groß die Wahrscheinlichkeit eines Verlustgeschäftes ist, und dies macht die Berechnung des Preises von Optionen zu einer sehr delikaten mathematischen Angelegenheit. Auf die Einzelheiten einzugehen, ist hier nicht der Platz. Es genügt festzustellen, dass durch den Preis von Optionen ähnlich wie bei den oben genannten Beispielen verhindert werden soll, dass man als Arbitrageur mithilfe dieses Finanzinstrumentes risikolos Gewinne lukrieren kann.

Erfunden wurden Optionen auch nicht dafür, dass man mit ihnen einfach nur Geld gewinnen kann, sondern dafür, Sicherheit im Warenhandel zu bieten. Wer eine Option erwirbt, in einem Jahr tausend Barrel Rohöl zum Preis von 70 Dollar pro Barrel zu kaufen, hat einerseits schon heute einen Obolus – den Preis der Option – dafür entrichtet, falls der Ölpreis unter 70 Dollar pro Barrel fällt, dafür aber andererseits sichergestellt, in einem Jahr nicht mehr als 70 000 Dollar für die tausend Barrel Rohöl auf den Tisch legen zu müssen, egal in welch astronomische Höhen der Ölpreis geklettert sein mag.

Mögliche Risiken hinter finanztechnischen Erfindungen zu verbergen, ist ein mehrfach versuchter Trick cleverer Börsengurus, womit sie viele, zuweilen unfassbar viele Menschen dazu verleiten, scheinbar sichere Spekulationsgeschäfte einzugehen, allein in der Hoffnung, das schnelle Geld zu machen. Es ist nicht die

Mathematik, es ist der Herdentrieb, der die berühmt-berüchtigten Blasen entstehen lässt, welche beim Platzen Finanzkrisen und nachfolgend Wirtschaftskrisen hervorrufen. So waren Ende 2008 weltweit Banken, darunter scheinbar unsinkbare Institutionen, in ihrer nackten Existenz bedroht. Dies deshalb, weil Millionen Menschen Häuser gewollt und auf das Zureden dafür gut bezahlter Bankenvertreter mit Krediten gekauft haben, die sie sich eigentlich nie hätten leisten können. Es wurden zu diesem Zweck komplizierte, sich über den ganzen Globus erstreckende Finanzierungsmodelle entwickelt, die weder die naiven Kreditnehmer noch die Agenten der Banken, die damit hausieren gingen, im Geringsten verstanden. Und so sahen viele, allzu viele, dass andere Millionen auch schon Häuser auf Kredit gekauft hatten. Sie benahmen sich wie die sprichwörtlichen Lemminge und glaubten, dass das, was alle machen, wohl nicht falsch sein werde. Oft hat die Herde recht, manchmal aber kann sie einem Irrglauben anhängen und rast einem Abgrund zu.

Es gibt ein entscheidendes Axiom, das in der Wirtschaft nie aus den Augen gelassen werden darf: *Es liegt im Wesen der Zukunft, dass sie nicht vorhersagbar ist.* Man kann möglicherweise Wahrscheinlichkeiten beziffern und damit Risiken einschätzen. Aber niemand kann garantieren, ein Risiko werde nie schlagend, weil die Wahrscheinlichkeit seines Eintreffens nur um Haaresbreite größer als null ist. Nur Josef, Jakobs Lieblingssohn in der biblischen Geschichte, besaß die Gabe, Träume richtig deuten zu können und so die Zukunft vor Augen zu haben. Kein moderner Finanzberater teilt mit Josef dieses Talent.

Mathematik und das Licht

Das Geschöpf des ersten Tages

Gottfried Wilhelm Leibniz (1646–1716)

Unsere Welt ist die beste aller möglichen Welten.

Dieses Wort ist sehr berühmt. Es stammt von Gottfried Wilhelm Leibniz. Woher kommt das Ungeheure in der Welt, fragten sich seine Zeitgenossen, wie sich zu allen Zeiten die Menschen diese Frage stellten. Im späten 17. Jahrhundert, als zumindest offiziell alle Untertanen ihren jeweiligen Kirchen ergeben waren, fragten sie drängender: Woher kommt das Ungeheure in der Welt, das ungeheure Leid, der ungeheure Schrecken, die ungeheure Angst, wo doch Gott ein Allmächtiger, ein Allgütiger und ein Allwissender ist? Um Gott vor der ihn zu zerstören drohenden Gewalt dieser Frage schützen zu können, kam Leibniz auf eben diese Lösung: In seiner Allmacht schuf Gott die Welt. In seiner Allgüte schuf er sie so, wie sie eben ist. In seiner Allwissenheit war ihm klar, dass die von ihm geschaffene Welt die beste aller möglichen Welten ist. Dies sei in Gottes Augen genauso gewiss, wie wir unumstößlich sicher wissen, dass sechs mal sieben zweiundvierzig ist.

Leibniz entwickelte diesen Gedanken nicht aus sich selbst heraus. Eine Generation vor ihm hatte ein ebenso brillanter Mathematiker, der französische Rechtsgelehrte Pierre de Fermat, ein ähnliches „Extremalprinzip" – so nennt man es noch heute in der Mathematik – aufgestellt. Dieses jedoch betraf nicht die Welt im Ganzen, sondern nur das, was nach der biblischen Erzählung von Gott als Erstes erschaffen wurde: das Licht.

Um die Bedeutung des Fermatschen Prinzips würdigen zu können, müssen wir ein wenig ausholen und uns Galileo Galilei zuwenden, der seinerseits eine Generation vor Fermat lebte.

In Venedig als Mathematiker tätig und darauf bedacht, mit seinem Wissen ein Leben in Wohlstand führen zu können, erfuhr Galilei 1609, dass in Holland eine umwälzende Erfindung getätigt wurde. Seit jeher beschäftigten sich die Niederländer mit dem Schleifen von Gläsern. Sie kannten die Sammellinse, die in ihrem Zentrum dick ist und sich zum Rand hin verjüngt. Eine Lupe, also ein Vergrößerungsglas, besteht im Wesentlichen aus ihr. Wie die Glasschleifer dies entdeckt hatten, wissen wir nicht genau. Vielleicht hatten ihnen Ärzte mitgeteilt, dass sie beim Sezieren der Augen eines Leichnams auf eine ähnliche Linse gestoßen sind, die allerdings nicht aus Glas, sondern aus einem anderen durchsichtigen Material besteht. Die Glasschleifer kannten auch Zerstreuungslinsen. Diese sind konträr zu den Sammellinsen so konstru-

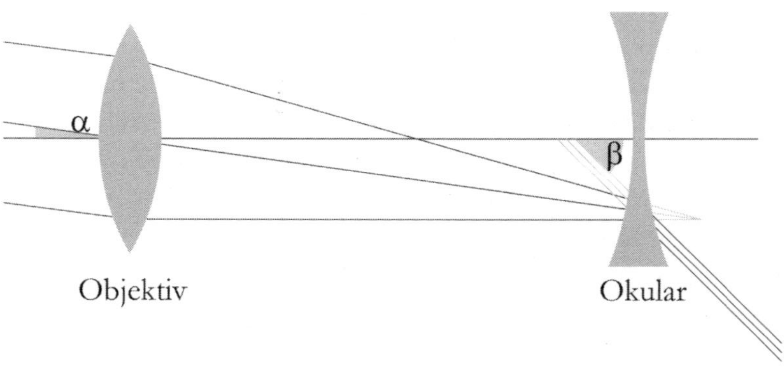

Abb. 17: Das Fernrohr Galileis bestand aus einer Sammellinse im Objektiv und einer Zerstreuungslinse im Okular. Der Effekt der Vergrößerung kommt dadurch zustande, dass der sehr kleine Winkel α beim Objektiv in einen erheblich größeren Winkel β beim Okular verwandelt wird.

iert, dass sie in der Mitte dünn sind und zum Rand hin dick werden. In den richtigen Abstand gebracht, bilden auch sie einen Gegenstand ab, allerdings nur scheinbar und verkleinert. Bei der Sammellinse ist die Art der Abbildung vom Abstand des Gegenstands zu ihr abhängig: Manchmal vergrößert sie so, dass das scheinbare Bild des Gegenstands seine Richtung beibehält, manchmal aber bildet sie den Gegenstand verkehrt ab. Vielleicht war es unbewusste Intuition, vielleicht war es Absicht: Johannes Lipperhey, einer der Glasschleifer Hollands, kombinierte in einer Röhre eine Sammellinse mit einer Zerstreuungslinse, die erste als Objektiv zum Gegenstand hin gerichtet, die zweite als Okular an das Auge gesetzt. Das Fernrohr war erfunden. Bei geeigneter Einstellung der Linsenabstände konnte es weit entfernte Objekte scheinbar näher ans Auge führen.

Galilei, der davon erfuhr, baute es sofort nach und verkaufte es den Händlern Venedigs. Denn die wollten weit ins Meer hinaus blicken und an den Fahnen der mit freiem Auge gerade noch erkennbaren Schiffe feststellen, ob diese von der eigenen Firma beladen wurden oder ob es sich um die Segler der Konkurrenz handelte. Galileis Fernrohr – geschäftstüchtig, wie er war, scheute Galilei sich nicht, es als seine Erfindung zu preisen – fand reißenden Absatz und Galilei war ein gemachter Mann. Doch in Wahrheit begeisterte ihn das Fernrohr mehr als seine Käufer. Denn er richtete es nicht gegen den Horizont des Meeres, sondern gegen den gestirnten Himmel. Und stellte fest, dass der Mond Berge besitzt, dass die Venus Phasen zeigt wie der Mond, dass Jupiter eigene Monde hat, dass das Band der Milchstraße aus einer Unzahl von Sternen besteht.

Galileo Galilei (1564–1642)

Brechung

Willebrord Snell van Rojen (1580–1626)

Warum ein Linsenfernrohr funktioniert, interessierte ihn, jedenfalls in diesen erhebenden Augenblicken seiner astronomischen Entdeckungen, nicht. Außerdem hatte bereits ein holländischer Mathematiker, Willebrord Snell van Rojen, der sich latinisiert Snellius nannte, das entscheidende Gesetz erkundet: das Brechungsgesetz.

Wenn ein Lichtstrahl schräg auf eine Glasplatte fällt, dringt er in das Glas ein, ändert aber an der Stelle, wo er auf die Platte trifft, abrupt seine Richtung. Errichtet man an dieser Stelle auf der waagrecht liegend gedachten Glasplatte gedanklich das senkrechte Lot, so ist der Winkel des einfallenden Strahls zum Lot größer als jener des gebrochenen Strahls zum Lot. Man sagt, das Licht wird „zum Lot gebrochen". Um das Gesetz Snells präzise formulieren zu können, müsste man über die sogenannten „Sinus" dieser beiden Winkel Bescheid wissen. Es ist hier nicht nötig, sich näher damit zu befassen. Interessant ist vielmehr, dass bei einer überall gleich dicken Glasplatte der in der Glasplatte befindliche Lichtstrahl bei seinem Austritt am gegenüberliegenden Rand wieder genauso „vom Lot gebrochen" wird. Der Winkel des dort in die Luft gebrochenen Strahls zum Lot ist der gleiche wie der Einfallswinkel des Lichtstrahls bei seinem Eintritt in die Glasplatte.

Der Trick der Glasschleifer bestand darin, bei den Linsen die Dicke des Glases zu variieren. Damit erreichten sie ihre zauberhaften optischen Effekte, von denen oben erzählt wurde.

Warum aber, so fragen wir weiter, befolgt das Licht dieses eigenartige Brechungsgesetz Snells?

An dieser Stelle kommt Pierre de Fermat zu Wort, der dafür einen sehr einleuchtenden Grund angab: In der Luft pflanzt sich der Lichtstrahl schneller fort als im Glas. *Und das Licht ist bestrebt, jenen Weg von seinem Ausgangspunkt zu seinem Auftreffpunkt zu wählen, den es in der kürzestmöglichen Zeit zurücklegen kann.* Dieser letzte Satz ist das berühmte Fermatsche Prinzip.

Es ist wirklich ein Extremalprinzip im Sinne der „besten aller möglichen Welten". Hier aber geht es nur um das Licht und um den „besten aller möglichen Wege", genauer: um die kürzeste aller möglichen Laufzeiten zwischen Ausgangspunkt und Auftreffpunkt.

Wir verstehen, dass dieses Fermatsche Prinzip in der Tat auf das Brechungsgesetz führt, wenn wir statt des Lichtes uns einen wohlgeformten italienischen Bademeister vorstellen, der von seinem Hochsitz aus das Meer mit seiner geradlinigen Küste beobachtet. So wie er den Strand entlangläuft, bewegt sich das Licht in der Luft: rasend schnell. So wie er im Meer schwimmt, bewegt sich das Licht im Glas: immer noch flott, aber bei Weitem nicht

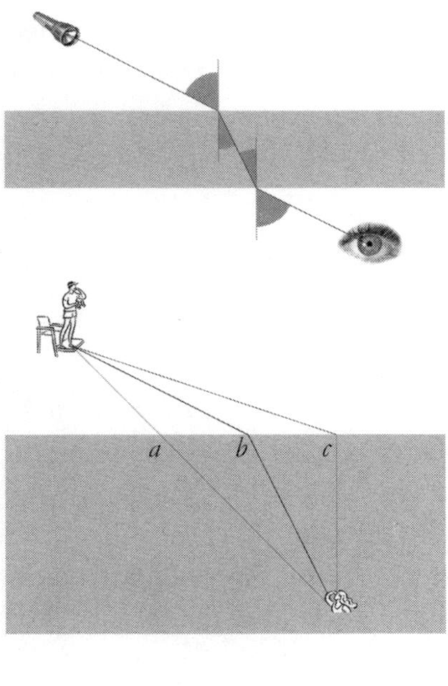

Abb. 18: Oben: Das Verhalten eines Lichtstrahls beim schrägen Durchgang durch eine Glasscheibe. Beim Eintritt in das Glas wird der Strahl zum Lot gebrochen, beim Austritt aus dem Glas vom Lot gebrochen. So gelangt das Licht am schnellsten von der Lampe zum Auge.
Unten: Erklärung des Brechungsgesetzes mithilfe des Extremalprinzips von Fermat anhand des Beispiels eines Bademeisters, der ein ertrinkendes Mädchen zu retten versucht und in der kürzesten Zeit zu ihr gelangen möchte. Der direkte Weg a, aber auch der Weg mit der kürzesten Schwimmstrecke c ist weniger geeignet als der dem Brechungsgesetz von Snell folgende Weg b.

mehr so schnell. Nun sieht der Bademeister, dass schräg vor ihm im Meer ein Mädchen, dessen Schönheit ihm schon aufgefallen war, als es bei ihm vorbeispazierte, zu ertrinken droht. Nichts wie hin zu ihr! Wäre er dumm, würde er schnurstracks in Richtung Mädchen laufen. Aber sein Weg im Wasser wäre allzu lang, und die Arme wäre noch vor seiner Ankunft in den Fluten untergegangen. Wäre er ein wenig klüger, würde er schnurstracks zu jener Stelle des Strandes laufen, die dem Mädchen am nächsten liegt, und von dieser aus zu ihr schwimmen. Doch optimal ist diese Lösung noch immer nicht. Sie wäre es nur, wenn er armselig langsam schwimmen würde, im „besten" Fall: wenn er ein Nichtschwimmer wäre. Da wäre dem Mädchen jedoch auch nicht geholfen. Klug aber, wie unser Bademeister ist, sucht er sich genau den Weg zwischen den beiden zuvor genannten, welcher dem Gesetz Snells gehorcht. So kommt er in der kürzestmöglichen Zeit zu ihr (er rettet sie selbstverständlich, die beiden werden ein Paar, viele Kinder werden ihnen geschenkt etc. pp.).

Wir müssen unseren Bademeister verlassen, weil uns das eigenartige Verhalten des Lichts in seinen Bann zieht: Es ist gleichsam so, als ob der Lichtstrahl von seinem Ausgangspunkt zunächst alle möglichen Wege abtastet und sich danach für jene der unendlich vielen Möglichkeiten entscheidet, die ihm die kürzeste Laufzeit garantiert. Das Licht verhält sich so, als ob es zielgerichtet handelte.

Reflexion

Als Isaac Newton junger Professor in Cambridge war, setzte er seinen ganzen Ehrgeiz daran, ein möglichst großes Linsenfernrohr zu konstruieren. Es wollte ihm aber nicht gelingen. Denn Newton wusste damals noch nicht, dass die Geschwindigkeit des Lichtes im Glas nicht immer die gleiche ist. Rotes Licht bewegt sich im Glas am schnellsten, danach kommen das orange, das gelbe, das grüne, das blaue, das indigofarbene Licht und am langsamsten bewegt sich im Glas das violette Licht. Newton entdeckte dabei zwar, dass sich das weiße Licht aus den Farben des Regenbogens zusammensetzt, aber bei der Herstellung des Linsenfernrohrs nützt dies wenig, im Gegenteil: Es schadet. Denn die Sterne werden nicht als punktförmige Lichtquellen abgebildet, sondern ihr Bild verschwimmt in einem mehrfarbigen Spektrum.

Vor dieses Problem gestellt, erinnerte sich Newton vielleicht an die Legende, dass Archimedes mit sogenannten Parabolspiegeln das Licht genauso zu bündeln verstand wie eine Sammellinse. Archimedes nützte dies aus, um das Sonnenlicht auf die Segel der Schiffe zu fokussieren, mit denen römische Matrosen seine Heimatstadt Syrakus erobern sollten. Die Segel im sogenannten Brennpunkt der Parabel gerieten in Brand, und Syrakus war, zumindest für ein paar Monate, gerettet. Dass man mit einem Parabolspiegel (und einem weiteren, „Fangspiegel" genannten Spiegel) aber auch die Sterne beobachten kann, war Newtons geniale Idee.

Ein Lichtstrahl spiegelt sich an einer ebenen Fläche – meist nimmt man ein silbrig glänzendes Metall als Spiegel – nach dem berühmten Reflexionsgesetz: Wieder denkt man sich im Treff-

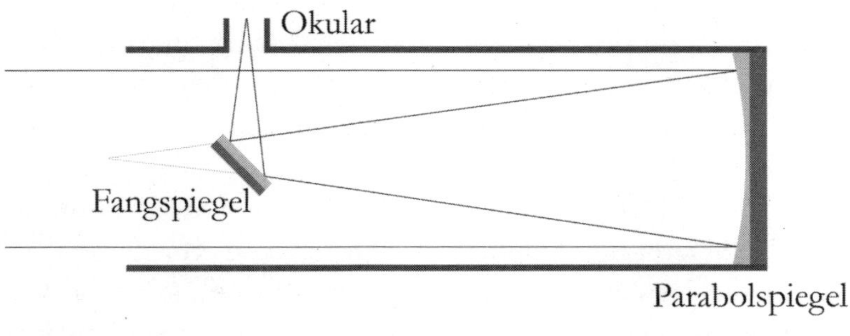

Abb. 19: Das Fernrohr Newtons bestand aus einem Parabolspiegel, der die eintreffenden Strahlen so reflektiert, dass sie einander in einem Brennpunkt treffen. Vor diesem Brennpunkt lenkt ein Fangspiegel diese Strahlen zum Okular ab.

punkt des Strahls auf der Spiegelfläche ein zur Fläche senkrechtes Lot errichtet. Der Winkel, den der einfallende Strahl zum Lot einschließt, stimmt mit dem Winkel des reflektierten Strahls zum Lot überein. Auf die Farbe des Lichtes kommt es dabei nicht an – deshalb war Newtons Idee für die Astronomie zukunftsweisend.

Warum gilt das Reflexionsgesetz? Fermat gibt darauf die Antwort, die so bestechend ist, dass wir sie nicht vorenthalten können.

Oberhalb des ebenen Spiegels denken wir uns zwei Punkte. Der eine ist der Ausgangspunkt des Lichtstrahls, der andere der Endpunkt, auf den der Strahl zielt. Natürlich könnte er auf schnellstem Wege direkt geradlinig vom Ausgangspunkt zum Endpunkt ziehen. Wir schließen diese Möglichkeit aus, indem wir uns zwischen diese beiden Punkte eine undurchsichtige Wand so errichtet denken, dass sie die geradlinige Verbindungslinie unterbricht. Also muss sich der Strahl seinen Weg vom Ausgangspunkt zum Endpunkt über den Spiegel suchen. Viele mögliche Hakenwege mit dem Winkel auf der Spiegelfläche sind hier möglich. Welcher von ihnen wird verwirklicht?

Derjenige, bei dem das Licht in der kürzestmöglichen Zeit vom Ausgangspunkt über den Spiegel zum Endpunkt gelangt, lautet das Fermatsche Prinzip. Eine einfache geometrische Konstruktion deckt diesen Weg auf: Man zeichnet durch den Endpunkt ein Lot auf die Spiegelfläche, verlängert dieses Lot auf die andere Seite des Spiegels und trägt den Abstand, den der Endpunkt oberhalb des Spiegels von diesem besitzt, nun unterhalb des Spiegels ab. So erhält man auf der anderen Seite des Spiegels einen „Gegenpunkt", der von der Spiegelfläche gleich weit entfernt ist wie der Endpunkt.

Statt der Hakenwege, die wir vorher vom Ausgangspunkt über den Spiegel zum Endpunkt zeichneten, konstruieren wir nun die entsprechenden Hakenwege, die zunächst genauso vom Ausgangspunkt wegführen wie die vorherigen, an der Spiegelfläche aber nun geradlinig zum Gegenpunkt geführt werden. Ob der Lichtstrahl die ursprünglichen Hakenwege oder die sie nun erset-

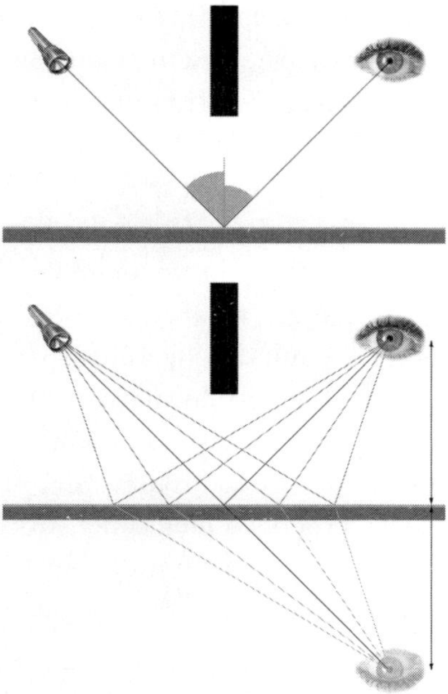

Abb. 20: Oben: Das Reflexionsgesetz besagt, dass die Winkel des einfallenden Lichtstrahls und des reflektierten Lichtstrahls zum Lot im Auftreffpunkt gleich groß sind.
Unten: Beweis des Reflexionsgesetzes mithilfe des Extremalprinzips von Fermat. Denkt man sich das Auge an der reflektierenden Ebene gespiegelt, erkennt man sofort, dass jener Hakenweg, welcher von der Lampe zum Auge führt, in der kürzesten Zeit durchlaufen wird, der von der Lampe zum gespiegelten Auge geradlinig führt. Dieser Hakenweg gehorcht dem Reflexionsgesetz.

zenden durchläuft: Bei jedem der Hakenwege braucht er dafür die gleiche Zeit. Einer der zum Gegenpunkt führenden ist der kürzeste: Jener, der gar kein Hakenweg ist, sondern geradlinig vom Ausgangspunkt zum Gegenpunkt führt. Zeichnet man an diesem Weg im Treffpunkt auf den Spiegel das Lot, sieht man unmittelbar das Reflexionsgesetz verwirklicht.

So einleuchtend das Fermatsche Prinzip ist, so verwirrend ist es auch. Denn anzunehmen, der Lichtstrahl besitze, bevor er es erreicht, schon ein Ziel, auf das er möglichst schnell zusteuere, widerstrebt der üblichen Sicht der Dinge. Zielgerichtetheit ist ein der Naturwissenschaft fremder Begriff. Also bemühte man sich, ein alternatives Modell für das Licht zu finden, bei dem das Fermatsche Prinzip keine Rolle spielt.

Newton war der Ansicht, Licht bestehe aus Teilchen, kleinen Kügelchen, die sich von der Lichtquelle geradlinig fortbewegen. Aber um das Brechungsgesetz Snells mit diesem einfachen Modell erklären zu können, müssten sich die Lichtteilchen im Glas schneller und nicht langsamer als in der Luft bewegen. Newton nahm an, dass die Lichtteilchen im Glas senkrecht von der Trennfläche zur Luft in das Innere des Glases hineingezogen werden. Die Brechung zum Lot kommt also deshalb zustande, weil die Lichtteilchen im Glas schneller als in der Luft sind. Und dass infolgedessen das Fermatsche Prinzip gar nicht stimmt, weil Fermat von einem im Glas langsameren Licht als in der Luft ausgegangen war.

Um 1850 von Jean Bernard Léon Foucault durchgeführte präzise Messungen der Lichtgeschwindigkeit in verschiedensten Medien belegten jedoch eindeutig: Am schnellsten ist das Licht im Vakuum; fast genauso schnell ist es in der Luft. In Glas oder in Wasser hingegen ist es, je nach Farbe, erheblich langsamer. Und die Unterschiede der Geschwindigkeiten sprechen eindeutig für die Gültigkeit des Fermatschen Prinzips und gegen Newtons einfaches Teilchenbild.

Christiaan Huygens hingegen schlug ein anderes Modell der Lichtausbreitung vor. Es gebe keine Lichtteilchen, sondern Licht entsteht dadurch, dass sich Schwingungen eines eigenartigen Lichtstoffes, den Huygens „Äther" nannte, wellenförmig ausbreiten. Bei dem Modell schien alles perfekt zu stimmen. Lichtwellen befolgen am Spiegel das gleiche Reflexionsgesetz wie Wasserwellen, die an einem geradlinigen Damm reflektiert werden. Die Geschwindigkeit von Wasserwellen kann man mit der Tiefe des Beckens regulieren und es zeigte sich: Die langsameren Wasserwellen werden zum Lot gebrochen, wie nach dem Fermatschen Prinzip auch der, verglichen mit der Luft, im Glas langsamere Lichtstrahl.

Wir hatten an anderer Stelle bereits darauf hingewiesen, dass auch das Modell von Huygens nicht stimmen kann. Der von ihm postulierte Äther löste sich nach Einsteins Erklärung, wie Licht beim Schwärzen einer photographischen Platte vorgeht, in buchstäblich nichts auf. Was aber noch verwirrender ist: Man kann Lichtquellen so schwach schalten, dass geeignete Messgeräte die

Ankunft einzelner Lichtteilchen, welche Einstein „Photonen“ nannte, mit einem hörbaren „Klick“ registrieren.

Albert Einstein (1879–1955)

Wir wollen solche Messgeräte „Augen“ nennen und als solche skizzieren. Das ist gar kein so übles Symbol: Unsere Augen empfinden bereits ein halbes Dutzend eintreffender Photonen als Licht. Aber die genannten Geräte sprechen wirklich auf jedes einzelne Photon an. Entweder klicken sie – dann ist es angekommen – oder sie klicken nicht. Halbe oder Viertel „Klicks“ gibt es nicht. Auch wenn Licht ganz schwach leuchtet: Entweder klickt es irgendwann oder das „Auge“ bleibt stumm. Wir müssen das Modell der Lichtwellen angesichts unserer „Augen“ ein für alle Mal vergessen: Licht besteht aus Photonen. Was aber macht ihren Unterschied zu Newtons Teilchenvorstellung aus?

Quantenregeln für das Licht

Richard Feynman (1918–1988)

Richard Feynman, neben John Archibald Wheeler wohl der ideenreichste theoretische Physiker des späten 20. Jahrhunderts, erklärt den Unterschied eines Photons zu einem Teilchen, das sich Newton naiv als kleines Kügelchen vorgestellt hatte, anhand zweier Regeln. Wir geben sie zunächst unkommentiert bekannt:

Erste Regel: Jedes Photon führt auf seiner Reise durch den Raum

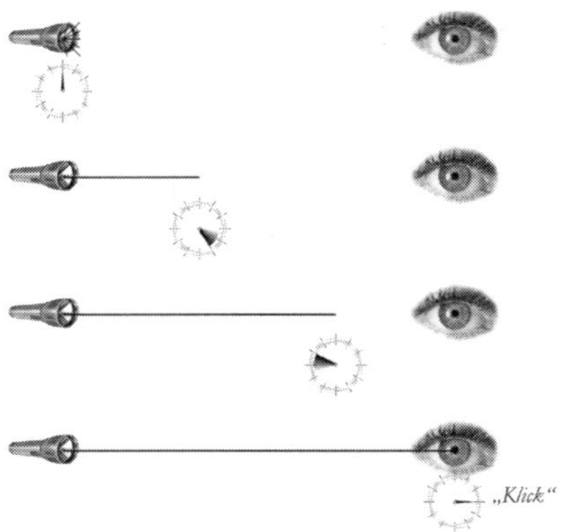

Abb. 21: Ein Photon auf seinem Weg von der Lampe zum Auge. Das Photon führt einen Pfeil mit sich, der sich wie der Zeiger einer Uhr während der Reise des Photons dreht. Bei der Ankunft des Photons im Auge, im Augenblick des „Klicks", hält der Pfeil an der eben erlangten Position auf der Uhr – hier bei 3 Uhr – an.

einen Pfeil mit sich. Man kann diesen Pfeil nicht sehen, er existiert nur in Gedanken. Am besten stellt man sich vor, das Photon wäre eine kleine Uhr mit nur einem Zeiger, dem Pfeil. Dieses Bild ist gar nicht schlecht gewählt, denn während der ganzen Reise des Photons dreht sich sein Pfeil mit gleichbleibender Geschwindigkeit im Kreis, bis er bei der Ankunft im Auge, beim „Klick", an der eben eingenommenen Position verharrt.

Zweite Regel: Von der Lichtquelle bis zum Auge zeichnet man einen möglichen Weg ein. Zu ihm gesellt man unmittelbar benachbarte Wege, die das Photon als „Reiseroute" wählen kann. Für jeden dieser Wege wird der ihm zugehörige und im Auge eintreffende Pfeil gezeichnet. Danach „addiert" man diese Pfeile. Dies funktioniert so, dass man den ersten Pfeil zeichnet, an dessen Spitze den Schaft des zweiten hängt, an dessen Spitze den Schaft des dritten hängt und so weiter, bis schließlich die „Kette" aller aneinanderhängenden Pfeile entsteht. Zum Schluss wird der Schaft des ersten Pfeils mit der Spitze des letzten Pfeils verbunden. Über die so erhaltene Strecke errichtet man ein Quadrat mit dieser Strecke als Seitenlänge. Dessen Flächeninhalt benennt die Wahrscheinlichkeit dafür, dass es im Auge „klickt", wenn das Photon entlang eines der eingezeichneten Wege von der Lichtquelle zum Auge zu gelangen versucht.

Die zweite Regel wirft eine Reihe von Fragen auf: Was bedeutet es, dass zwei „Reiserouten" des Photons „unmittelbar benachbart" sind? Was passiert, wenn es zum gewählten Weg unendlich viele „unmittelbar benachbarte" Wege gibt – wie hängt man unendlich viele Pfeile aneinander? Wieso gibt es nur eine Wahrscheinlichkeit und keine Sicherheit dafür, dass das Photon entlang eines der eingezeichneten Wege läuft? Kann man aus dem gewählten Weg und seinen „unmittelbar benachbarten" Wegen jenen auswählen, den das Photon mit der genannten Wahrscheinlichkeit tatsächlich wandert?

Überhaupt stellt sich die Frage: Warum befolgen Photonen so eigenartige Regeln?

Auf die zuletzt genannte Frage gibt Feynman die lapidare Antwort: Wir wissen es nicht. Wir werden es niemals wissen. Das Einzige, was wir wissen, ist: Wenn wir uns an diese (und ähnliche, hier nicht genannte) Regeln halten, können wir alle, wirklich alle Phänomene des Lichts erklären.

Die anderen Fragen können wir zwar nicht erschöpfend beantworten, aber anhand konkreter Beispiele wenigstens ein Gespür für ihre Beantwortung vermitteln. Unser erstes Beispiel wird zeigen, warum aus diesen Regeln das Reflexionsgesetz folgt. Es lehrt uns zugleich, wie wir die beiden Regeln auszuführen haben – wohlgemerkt: ausführen, nicht verstehen. Verstehen werden wir diese Regeln nie.

Noch einmal: Reflexion

Wie zuvor betrachten wir einen ebenen Spiegel und zeichnen darüber eine Lichtquelle als Ausgangspunkt und ein Auge als Endpunkt. Auch hier soll eine undurchsichtige Wand den geradlinigen Weg von der Lichtquelle zum Auge verwehren. Nun zeichnen wir einen Weg von der Lichtquelle geradlinig zum Spiegel und von diesem geradlinig zum Auge ein, der ganz und gar nicht dem Reflexionsgesetz gehorcht. Links und rechts vom Auftreffpunkt unseres Weges auf der Spiegelfläche markieren wir fünf weitere denkbare Auftreffpunkte, links zum Beispiel drei und rechts zwei, die sich um den Auftreffpunkt unseres Hakenweges scharen. Ihnen entsprechen fünf weitere Hakenwege in unmittelbarer Nähe zu unserem Hakenweg; sie alle sind weit von demjenigen entfernt, der dem Reflexionsgesetz gehorcht.

Der Clou in dieser Zeichnung ist der folgende: Weil alle eingezeichneten Hakenwege weit von demjenigen weg sind, der dem Reflexionsgesetz gehorcht, unterscheiden sich deren Längen beträchtlich. Der erste unter ihnen, jener der dem des Reflexionsgesetzes am nächsten kommt, ist kürzer als der seines Nachbarn, dieser ist wieder kürzer als der seines Nachbarn und so weiter bis hin zum sechsten Hakenweg, der am längsten ist. Wenn ein Photon von der Lichtquelle ausgeht und sein Pfeil dabei auf null Uhr zeigt, wird sich der Zeiger bei der Ankunft im Auge je nach gewähltem Hakenweg verschieden weit gedreht haben, folglich bei der Ankunft im Auge auf verschiedene „Stunden" weisen. Beim ersten Hakenweg zeigt der Pfeil des Photons im Auge auf ein Uhr, beim zweiten Weg auf drei Uhr, beim dritten Weg auf fünf Uhr und so weiter bis zum sechsten Weg, bei dem der Pfeil des Photons auf elf Uhr weist.

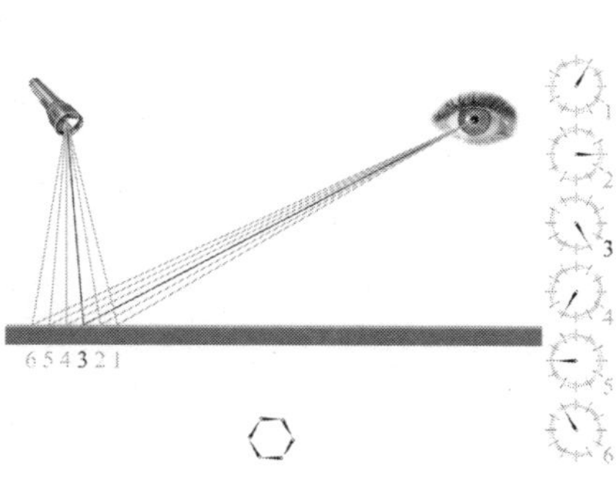

Abb. 22: Ein Hakenweg des Photons von der Lampe über den Spiegel zum Auge, der nicht dem Reflexionsgesetz gehorcht, zusammen mit fünf anderen benachbarten Hakenwegen. Die sechs Ankunftszeiten unterscheiden sich so stark, dass die entsprechenden sechs Pfeile addiert in Summe null ergeben. Darum ist es äußerst unwahrscheinlich, dass einer dieser Wege von den Photonen eingeschlagen wird.

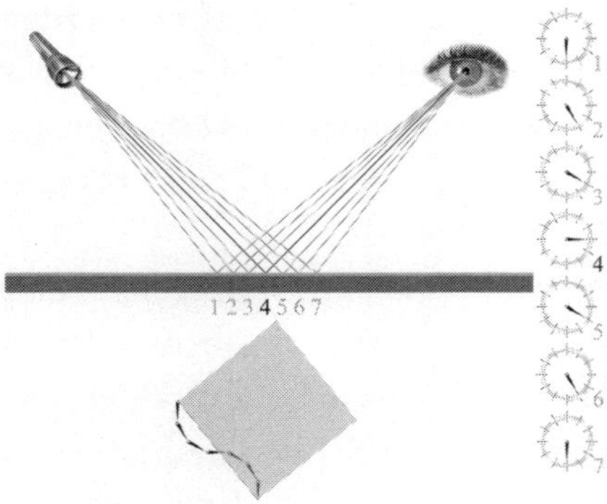

Abb. 23: Ein Hakenweg des Photons von der Lampe über den Spiegel zum Auge, der dem Reflexionsgesetz gehorcht, zusammen mit sechs anderen benachbarten Hakenwegen. Die sieben Ankunftszeiten unterscheiden sich so wenig, dass die entsprechenden sieben Pfeile addiert in Summe eine Strecke erheblicher Länge mit einem großen darüber errichteten Quadrat ergeben. Darum ist es äußerst wahrscheinlich, dass einer dieser Wege von den Photonen eingeschlagen wird.

Wenn wir nun diese sechs Pfeile, bei denen jeder auf eine andere ungerade Stunde weist, aneinanderhängen, schließen sie ein fast kreisförmiges Sechseck ein. Die Spitze des letzten Pfeils trifft wieder den Schaft des ersten. Daher verkümmert die Strecke, die vom Schaft des ersten Pfeils zur Spitze des letzten Pfeils führt, zu einem Punkt, und das über diesem Punkt errichtete Quadrat bleibt ein Punkt mit Flächeninhalt null. Deshalb ist die Wahrscheinlichkeit, dass das Photon über einen der sechs eingezeichneten Wege von der Lichtquelle zum Auge gelangt, verschwindend klein.

Nun wollen wir jenen Hakenweg von der Lichtquelle über den Spiegel zum Auge einzeichnen, der dem Reflexionsgesetz gehorcht. Links und rechts vom Auftreffpunkt dieses Hakenweges auf der Spiegeloberfläche zeichnen wir je drei weitere Auftreffpunkte. Somit erhalten wir insgesamt sieben Hakenwege, der mittlere unter ihnen ist der des Reflexionsgesetzes. Er ist unter allen Hakenwegen der kürzeste. Doch seine sechs Nachbarn sind kaum länger, halten sie sich doch nahe an den optimalen Weg. Wenn ein Photon von der Lichtquelle ausgeht und sein Pfeil dabei auf null Uhr zeigt, wird sich der Zeiger bei der Ankunft im Auge, egal welchen Hakenweg es entlanggelaufen ist, nur unerheblich von denen unterscheiden, welche die anderen sechs Hakenwege als Reiseroute wählten. Wenn zum Beispiel der Pfeil des Photons, das den mittleren Hakenweg wählte, auf drei Uhr zeigt, werden die Pfeile der Photonen entlang der beiden unmittelbaren Nachbarwege auf vier Uhr, die zu den anschließenden Hakenwegen gehörenden Pfeile auf fünf Uhr und die zu den äußersten Hakenwegen gehörenden Pfeile auf sechs Uhr weisen.

Wenn wir hier diese sieben Pfeile aneinanderhängen, ergibt sich vom Schaft des ersten Pfeils zur Spitze des siebenten Pfeils eine Strecke beträchtlicher Länge. Das über diese Strecke errichtete Quadrat hat einen großen Flächeninhalt. Eben deshalb ist es sehr wahrscheinlich, dass das Photon über einen der nun eingezeichneten Wege von der Lichtquelle zum Auge gelangt. Das Reflexionsgesetz ist hergeleitet.

Schön und gut, könnte man dazu meinen, aber muss dieser Beweis wirklich so kompliziert sein?

Beugung

Was ist, wenn man den Spiegel nicht großflächig annimmt, sondern wenn man ihn ganz schmal gestaltet? Nur an der Stelle, wo sich der Hakenweg des Reflexionsgesetzes befindet, soll sich ein kleiner Streifen des Spiegels befinden. Würde das Licht aus Teilchen bestehen, wie sie Newton sich dachte, änderte dies nichts am Verhalten des Lichts. Newtons Lichtteilchen würden von der Quelle zum schmalen Spiegel gelangen und an ihm in das Auge reflektiert werden. Doch in Wahrheit verhalten sich Photonen ganz anders.

Betrachten wir zwei Hakenwege, die von der Lichtquelle über den schmalen Spiegel zum Auge führen: Der eine trifft auf die rechte Hälfte des schmalen Spiegels, der andere auf seine linke Hälfte. Weitere Hakenwege einzuzeichnen ist uns nicht möglich, weil für sie der Spiegel keinen Platz bietet. Selbstverständlich zeigen die beiden Pfeile, die sich entlang jedes der beiden Hakenwege um das Photon drehen, wobei sie bei der Lichtquelle mit der Po-

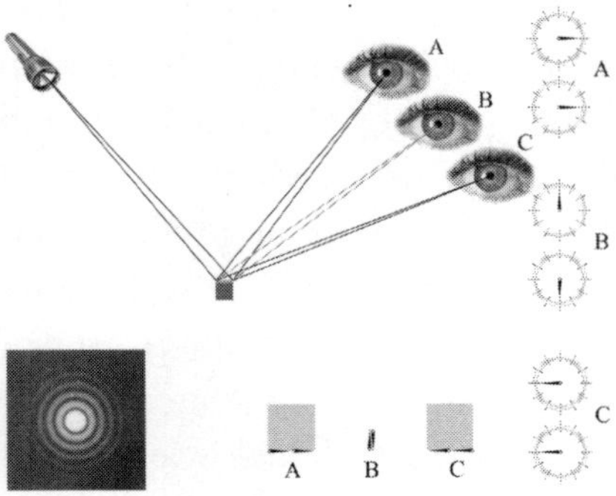

Abb. 24: Lässt man vom Spiegel nur ein sehr kleines Stück übrig, ergibt sich statt der Reflexion das Phänomen der Beugung. In der Position A des Auges, die dem Reflexionsgesetz entspricht, ist es sehr wahrscheinlich, dass Photonen den Weg von der Lampe über den fast punktförmigen Spiegel zum Auge wählen. In der Position B des Auges ist diese Wahrscheinlichkeit praktisch null; kaum ein Photon wird dorthin wandern. In der Position C des Auges hingegen ist es wieder sehr wahrscheinlich, dass Photonen den Weg von der Lampe über den fast punktförmigen Spiegel zum Auge wählen.
Positioniert man statt der Augen eine photographische Platte, erhält man ein Beugungsbild wie das links unten gezeigte.

sition null Uhr beginnen, beim Auftreffen auf das Auge auf drei Uhr, denn beide Hakenwege sind gleich lang. Die beiden Pfeile aneinandergehängt ergeben eine beträchtliche Strecke, das über der Strecke errichtete Quadrat besitzt einen ansehnlichen Flächeninhalt: Mit großer Wahrscheinlichkeit bewegt sich das Photon entlang eines dieser beiden Hakenwege.

Nun aber wollen wir mit dem Auge eine etwas andere Position als vorher einnehmen, während alles andere an dieser Versuchsanordnung an seinem Platz bleibt. Wir wollen uns das Auge entlang einer Ebene um einen bestimmten Radius von der ursprünglichen Position versetzt denken. Wenn wir den Radius richtig wählen, erreichen wir, dass nun der Hakenweg über die rechte Spiegelhälfte um einiges kürzer ist als der Hakenweg über die linke Spiegelhälfte. Beim Auftreffen auf das Auge zeigt das Photon, das entlang des einen Hakenweges lief, auf null Uhr, das andere aber auf sechs Uhr. Jetzt addieren sich die beiden Pfeile zu einem Punkt und das über diesem Punkt errichtete Quadrat besitzt keinen Flächeninhalt. Befindet sich das Auge an dieser Stelle, wird sicher kein Photon zu ihm gelangen. Dort bleibt es dunkel.

Nun aber rücken wir das Auge in der Ebene noch weiter von der ursprünglichen Lage weg. Die Wegunterschiede der beiden Hakenwege werden noch größer. Hatte der Pfeil entlang des rechten Hakenweges ursprünglich im Auge auf drei Uhr, danach auf null Uhr gezeigt, weist der Pfeil jetzt gar nur mehr auf neun Uhr. Und hatte der Pfeil entlang des linken Hakenweges ursprünglich im Auge auf drei Uhr, danach auf sechs Uhr gezeigt, weist der Pfeil jetzt sogar schon auf neun Uhr. Beide Hakenwege führen zu den Pfeilstellungen neun Uhr, wenn das Photon zum Auge kommt. Nun ergeben die beiden Pfeile aneinandergehängt wieder eine beträchtliche Strecke, das über der Strecke errichtete Quadrat besitzt einen ansehnlichen Flächeninhalt: Mit großer Wahrscheinlichkeit wird das Auge auch in dieser Position das Photon registrieren. Hier ist es wieder hell.

Und dieses Spiel setzt sich periodisch fort: Bewegt man das Auge weiter von seinem ursprünglichen Zentrum weg, wird es wieder kein Photon registrieren, aber noch weiter aus dem Zentrum herausgeführt, ist die Wahrscheinlichkeit, ein Photon zu registrieren, wieder groß und so weiter.

Ersetzt man die Ebene, entlang der das Auge wandert, durch eine photographische Platte, wird die Lichtquelle bei dem schmalen Spiegel nicht in einem Punkt abgebildet. Vielmehr folgen auf den zentralen hellen Punkt, wo das Auge ursprünglich war, in konzentrischen Kreisen abwechselnd dunkle und helle Ringe. Dies sind die berühmten Beugungsringe, die für Newtons Vorstellung von Lichtteilchen den Todesstoß bedeuteten. Wäre nämlich das Lichtteilchen einfach nur eine kleine Kugel, darf man bei der Reflexion am schmalen Spiegel bestenfalls einen hellen kreisförmigen Lichtfleck am Schirm erwarten. Nicht jedoch diese geheimnisvoll anmutenden hellen und dunklen Ringe.

Fragt man, ob ein bestimmtes Photon auf den Schirm ins Zentrum oder zum ersten, zum zweiten, zum dritten, zum vierten oder zum fünften der hellen Ringe wandert, lautet die Antwort: Das wissen wir nicht. Die Wahrscheinlichkeit für alle sechs Möglichkeiten ist praktisch gleich groß. Aber es ist aussichtslos, für ein einzelnes Photon eine Prognose zu erstellen. Und da es nicht in halbe Photonen oder gar in sechstel Photonen zerfallen kann, wird es eine und nur eine der genannten Möglichkeiten verwirklichen. Aber welche es sein wird, ist genauso ungewiss wie die Antwort auf die Frage, auf welche Augenzahl ein Würfel gerade jetzt fallen wird.

Die Betrachtung des schmalen Spiegels gibt dem Reflexionsgesetz eine gespenstige Aura. Denn bei einem schmalen Spiegel verliert es seine Gültigkeit, und es kommt zu den Beugungsringen. Nur wenn die Spiegelfläche groß genug ist, stimmt es so, wie wir es kennen, wie Newton es in seinem Teleskop verwendete. Man ist fast geneigt zu glauben, dass das Photon den großen Spiegel benötigt, um alle Wege, auch jene, die es mit erdrückender Wahrscheinlichkeit nicht verwirklichen wird, testen zu können. Gleichsam wie ein Spürhund läuft es – Robert Musil würde sagen: in der Möglichkeitsform – entlang aller sich ihm bietenden Hakenwege, um schließlich – in der Wirklichkeitsform – höchstwahrscheinlich denjenigen zu wählen, der dem Reflexionsgesetz gehorcht.

Interferenz

Alles wird noch geheimnisvoller, wenn wir zu einem etwas größeren Spiegel zurückkehren, ihn an die Stelle setzen, wo das Reflexionsgesetz sicher verletzt wird, weil die benachbarten Hakenwege zu völlig verschiedenen Laufzeiten führen, und ihn folgendermaßen bearbeiten: Wir versehen seine Oberfläche mit schwarzen Streifen, welche Photonen nicht reflektieren, sondern absorbieren, also gleichsam verschlucken, falls sie auf diese Streifen treffen. Mit diesen Streifen erzeugen wir auf der Spiegeloberfläche ein Linienmuster, in der Physik nennt man es ein „Gitter", bei dem gleich breite absorbierende Streifen auf gleich breite reflektierende Streifen so aufeinanderfolgen wie die weiß-schwarzen Streifen der klassischen Gefängniskluft.

Wenn die Breite der Streifen richtig gewählt ist – bei sichtbarem Licht ist sie mikroskopisch klein –, tritt der folgende Effekt ein: Von der Lichtquelle wandern Photonen entlang von Hakenwegen zuerst auf das oben beschriebene Gitter und dann in das Auge. In das Auge aber nur jene Photonen, die nicht auf einen absorbierenden, sondern auf einen reflektierenden Streifen des Gitters treffen. Wir zeichnen sechs benachbarte Hakenwege ein. Der erste, der dritte und der fünfte stehen für Photonen, die auf benachbarte reflektierende Streifen des Gitters treffen und danach zum Auge gelangen. Ihre Pfeile, die zu Beginn der Reise immer bei der gleichen „Uhrzeit" starteten, kommen, wenn sich das Auge gerade an der „richtigen" Stelle befindet, bei der gleichen Position auf der „Uhr" an: bei drei Uhr, wobei der Pfeil entlang des dritten Weges eine volle Umdrehung mehr durchführt als der Pfeil des ersten Weges und der Pfeil des fünften Weges sogar zwei volle Umdrehungen mehr durchführt als der Pfeil des ersten Weges.

Der zweite, der vierte und der sechste Hakenweg stehen für Photonen, die auf die jeweils anschließenden benachbarten absorbierenden Streifen des Gitters treffen und daher nicht zum Auge gelangen. Würden sie dies, hätten ihre drei Pfeile die Endpositionen von neun Uhr, wobei wieder der Pfeil entlang des vierten Weges eine volle Umdrehung mehr durchführte als der Pfeil des zweiten Weges und der Pfeil des sechsten Weges sogar zwei volle Umdrehungen mehr durchführte als der Pfeil des zweiten Weges. Die Summe aller sechs Pfeile addierte sich auf null, und das war ja der Grund dafür, dass wir gefolgert hatten: Es wäre höchst unwahrscheinlich, dass Photonen solche Wege einschlagen. Nun aber kommen die Photonen, die auf die absorbierenden Streifen treffen, eben nicht ins Auge, also werden nur die drei Pfeile von „drei Uhr" addiert. Dies ergibt im Gegensatz zu vorher eine Strecke erheblicher Länge, über die ein Quadrat mit einem ansehnlichen Flächeninhalt errichtet werden kann. Daher ist die Wahrschein-

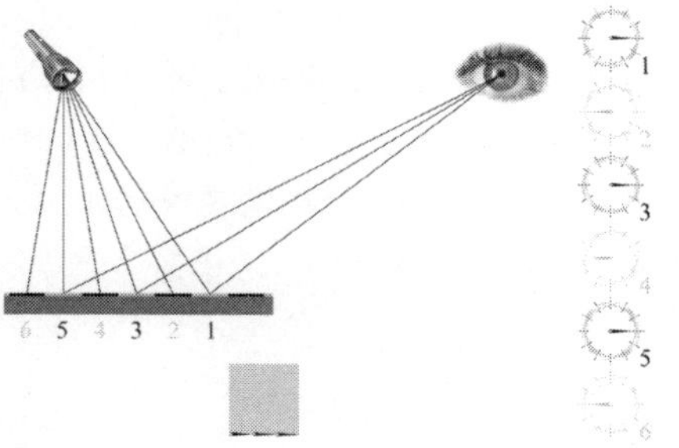

Abb. 25: Sechs Wege von Photonen, die von der Lampe über ein Gitter zum Auge zu gelangen versuchen. Drei dieser Wege sind Sackgassen, weil die Photonen am Gitter nicht reflektiert werden. Dadurch erreicht man den Effekt, dass die Wahrscheinlichkeit, dass Photonen entlang der drei anderen Wege zum Auge gelangen, sehr groß ist, obwohl keiner der drei Wege dem Reflexionsgesetz gehorcht.

lichkeit groß, dass Photonen diese dem Reflexionsgesetz scheinbar widersprechende Wege wählen und das Auge treffen.

Allerdings führen leichte Verschiebungen des Auges zu völlig anderen Laufzeiten. Wie vorher bei der Beugung des Lichtes an einem sehr kleinen Spiegel ergeben sich auch bei diesem Beispiel, der Beugung des Lichtes an einem Gitter, periodische Wechsel von hellen und dunklen Zonen, die berühmten Interferenzmuster des Lichtes.

Bis jetzt hatten wir stillschweigend angenommen, dass sich der Pfeil während der Reise des Photons von der Lichtquelle zum Auge stets mit der gleichen Geschwindigkeit dreht. Dies ist aber nur bei sogenanntem monochromatischen Licht, das nur in einer einzigen Farbe leuchtet, richtig. Bei rotem Licht dreht sich der Pfeil langsamer als bei gelbem Licht; noch schneller dreht er sich bei grünem Licht und am schnellsten bei blauem, gar bei violettem Licht. Weißes Licht setzt sich aus Photonen aller Farben des Regenbogens zusammen. Bei der Beugung am Gitter werden, je nach Position des Auges, Photonen der einen Farbe mit großer Wahrscheinlichkeit auftreffen, Photonen der anderen Farben hingegen nur mit einer sehr geringen Wahrscheinlichkeit gerade diesen Hakenwegen folgen. Darum wird bei der Beugung am Gitter weißes Licht in seine Spektralfarben zerlegt. Man kann sich von der Richtigkeit des Gesagten sofort überzeugen, wenn man eine

CD-Scheibe schräg gegen das Licht hält. Die Rillen der CD-Scheibe bilden für sichtbares Licht ein ideales Gitter, und tatsächlich schillert die Oberfläche der CD-Scheibe in den schönsten Farben, die nicht auf die silberne Scheibe gemalt sind, sondern die Feynmans eigenartiger Regeln zufolge entstehen.

Noch einmal: Brechung

Skeptiker, welche die Ausführungen bis hierher verfolgt haben, werden einwenden: Bei allen genannten Beispielen bewegten sich die Photonen immer geradlinig (außer sie wurden an einer

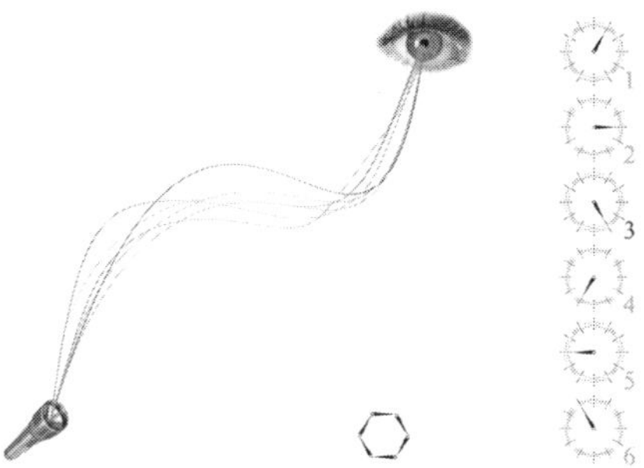

Abb. 26: Ein mehrfach gekrümmter Weg des Photons von der Lampe zum Auge zusammen mit fünf anderen benachbarten krummen Wegen. Die sechs Ankunftszeiten unterscheiden sich so stark, dass die entsprechenden sechs Pfeile addiert in Summe null ergeben. Darum ist es äußerst unwahrscheinlich, dass einer dieser krummen Wege von den Photonen eingeschlagen wird.

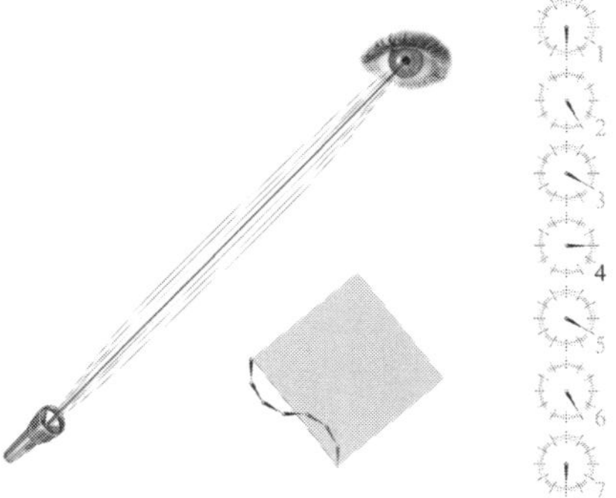

Abb. 27: Der geradlinige Weg des Photons von der Lampe zum Auge zusammen mit sechs anderen benachbarten fast geradlinigen Wegen. Die sieben Ankunftszeiten unterscheiden sich so wenig, dass die entsprechenden sieben Pfeile addiert in Summe eine Strecke erheblicher Länge mit einem großen darüber errichteten Quadrat ergeben. Darum ist es äußerst wahrscheinlich, dass einer dieser praktisch geradlinigen Wege von den Photonen eingeschlagen wird.

Metalloberfläche abgelenkt). Warum muss ein durch die Luft oder noch besser: ein durch das Vakuum fliegendes Photon immer einen geradlinigen Weg einschlagen? Die Antwort lautet: Das muss es gar nicht. Es ist allein die Wahrscheinlichkeit des geradlinigen Weges erdrückend höher als die Wahrscheinlichkeit anderer, krummer Wege.

Auch das wollen wir mit Feynmans Regeln begründen:

Es ist keine Kunst, zu einem gegebenen krummen Weg, der von der Lichtquelle zum Auge führt, in unmittelbarer Nachbarschaft fünf ähnlich geformte krumme Wege mit völlig unterschiedlichen Längen zu zeichnen, wobei sich die Stellungen der Pfeile zum Zeitpunkt der Ankunft des Photons beim Auge um jeweils „zwei Stunden" unterscheiden, wenn das Photon als Reiseroute jeweils einen dieser sechs krummen Wege wählt. Wie schon beim Beispiel der sechs Hakenwege, die allesamt nicht dem Reflexionsgesetz gehorchen, addieren sich auch hier diese sechs Pfeile

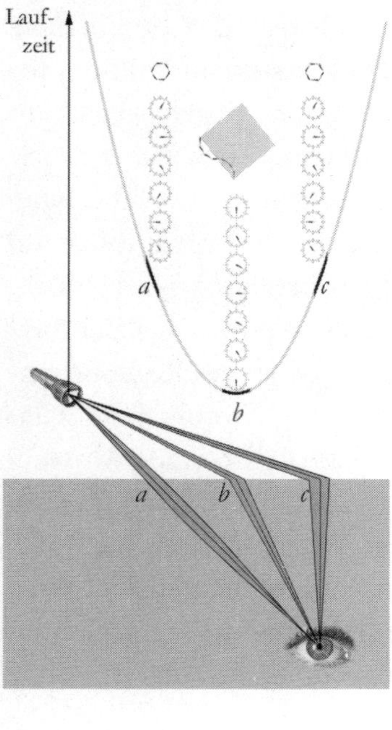

Abb. 28: Die Laufzeiten der Photonen von der Lampe zu dem im Glas gedachten Auge sind je nach Auftreffpunkt a, b oder c auf der Grenzschicht zwischen Luft und Glas verschieden. Bei den um den Auftreffpunkt b benachbarten Photonenwegen unterscheiden sich die Ankunftszeiten im Auge wenig – die Kurve der Ankunftszeiten ist bei b flach –, sodass die entsprechenden Pfeile addiert in Summe eine Strecke erheblicher Länge mit einem großen darüber errichteten Quadrat ergeben. Darum ist es äußerst wahrscheinlich, dass einer dieser Wege von den Photonen eingeschlagen wird. Bei den um die Auftreffpunkte a oder c benachbarten Photonenwegen unterscheiden sich die Ankunftszeiten im Auge stark – die Kurve der Ankunftszeiten ist bei a und bei c steil –, sodass die entsprechenden Pfeile addiert in Summe praktisch null ergeben. Darum ist es äußerst unwahrscheinlich, dass einer dieser Wege von den Photonen eingeschlagen wird.

zu einem Punkt, weil sie aneinandergehängt ein geschlossenes regelmäßiges Sechseck bilden. Es ist daher höchst unwahrscheinlich, dass das Photon entlang eines dieser sechs Wege von der Lichtquelle zum Auge gelangt.

Anders jedoch ist es, wenn man die geradlinige Verbindung von der Lichtquelle zum Auge zeichnet. Sechs weitere nahe bei ihr liegende und kaum gekrümmte Wege werden praktisch die gleiche Länge wie die Länge der Strecke von der Lichtquelle zum Auge besitzen. Wir können, ähnlich wie beim Beispiel der sieben Hakenwege, die sich, bildhaft gesprochen, um das Reflexionsgesetz scharten, davon ausgehen, dass sich auch hier die „Endpositionen" der sieben zu betrachtenden Pfeile nur um wenige Stunden unterscheiden. In diesem Fall addieren sich diese Pfeile zu einer beträchtlich langen Strecke, worüber ein Quadrat mit einem ansehnlichen Flächeninhalt zu errichten ist. Deshalb wird mit an Sicherheit grenzender Wahrscheinlichkeit das Photon einen dieser fast geradlinigen Wege von der Lichtquelle zum Auge nehmen.

Die geradlinige Verbindung von der Lichtquelle zum Auge ist jene, die vom Photon in der kürzestmöglichen Zeit durchlaufen wird, wenn es sich in der Luft oder, noch besser, im Vakuum bewegt. Wir erkennen, wie man aus den beiden Regeln Feynmans zwingend zum Fermatschen Prinzip gelangt. Auch bei der Brechung, wenn Licht von der Luft ins Glas eindringt, wo es sich langsamer bewegt, führen die beiden Feynmanschen Regeln sofort auf das Fermatsche Prinzip und damit auf das Brechungsgesetz Snells.

Wir können sogar verstehen, warum Newton bei der Brechung von weißem Licht an Glas zu den Farben des Regenbogens gelangte: Je nach Farbe bewegen sich die Photonen im Glas schneller oder langsamer. Dies spielt natürlich bei der Auswahl des „optimalen" Hakenweges von der in der Luft befindlichen Lichtquelle zu dem im Glas gedachten Auge eine wichtige Rolle. Wenn weißes, aus Photonen aller Farben bestehendes Licht von der Lichtquelle nur in einer einzigen Richtung schräg gegen das Glas gesendet wird, muss das im Glas befindliche Auge verschiedene Stellungen einnehmen, um die Photonen der roten, gelben, grünen, blauen oder violetten Farbe registrieren zu können.

Es ist schier unglaublich, mit welch raffinierten Tricks die Natur vorgeht, um allein das Licht dazu zu zwingen, für seine Reise von der Lichtquelle zum Auge den Weg mit der optimalen Durchlaufzeit zu finden. Wenn sich schon das Geschöpf des ersten Schöpfungstages so verhält, hat vielleicht Leibniz wirklich recht. Vielleicht gehorcht nicht nur das Licht, sondern alles in der Schöpfung Extremalprinzipien. Vielleicht ist unsere Welt wirklich in diesem Sinne „optimal" gestaltet.

Noch Carl Ludwig Siegel, einer der imponierendsten Mathematiker des 20. Jahrhunderts, beginnt seine „Vorlesungen über Himmelsmechanik", die in den 1950er-Jahren als Buch erschienen sind, mit dem apodiktischen Satz: „Nach Leibniz ist unsere Welt die bestmögliche aller Welten, und daher lassen sich die Naturgesetze durch Extremalprinzipien beschreiben." Dem gleichen Gedanken folgend stellt das monumentale, in mehreren Bänden erschienene richtungsweisende Lehrbuch über theoretische Physik des umfassend gebildeten Gelehrten Lew Dawidowitsch Landau ein Extremalprinzip an den Anfang seiner Erörterungen.

Stückwerk ist unser Wissen

Doch in Wahrheit war es spätestens am 1. November 1755 mit der „besten aller möglichen Welten" unwiderruflich vorbei. An diesem Tag ereignete sich im Atlantik, in unmittelbarer Nähe von Lissabon, ein gewaltiges Erdbeben, das eine Vielzahl der Gebäude zum Einsturz brachte. Die nachfolgende Sturzflut zerstörte, was nach dem Erdbeben noch nicht vernichtet worden war. In ganz Europa war man angesichts dieser Katastrophe erschüttert. Noch dazu, wo an jenem Allerheiligentag zur Zeit des Gebets und der heiligen Messen die braven portugiesischen Katholiken in den Kirchen waren und dort vom Beben überrascht wurden. Hunderte Kinder wurden von den Trümmern getroffen. Die von den herabgefallenen Blöcken eingeklemmten Mütter konnten sich nicht einmal zu ihnen bewegen, nur ihr Schreien und Stöhnen vernehmen, an der Todesangst ihrer Kinder verzweifeln. Wie konnte Gott, der noch kurz zuvor von den Opfern auf Knien in diesen Kirchen verehrt wurde, dies zulassen? Selbst die Ausrede, dies geschah als Strafe Gottes für Schuld und Sünden, welche die Menschen auf sich geladen hatten, klingt schal, wenn nicht sogar zynisch. Was ist die Schuld des Neugeborenen in der Windel, dessen Kopf eine herabgefallene Säule zermalmte? Unglaubwürdig sind jene, die auf die Erbsünde verweisen. Denn das Hurenviertel blieb in Lissabon an diesem Tag verschont.

Woher kommt das Ungeheure in der Welt, hatte zu Beginn des Kapitels die Frage gelautet. Die Antwort, die Leibniz gab, überzeugt nicht. Voltaire, der geistreiche Spötter, hat sie angesichts der Katastrophe von Lissabon im satirischen Roman „Candide" rundweg verworfen. Voltaire leugnete nicht Gott, aber er meinte, dass der Schöpfer der Welt sich wohl von seinem Geschöpf abgewendet hat, sich nicht mehr um das Weltall und all das, was in ihm haust, kümmert. Wie soll man mit einem solchen Gott verkehren, fragte ihn sein Gönner, der Preußenkönig Friedrich II. Voltaire gab zur Antwort: „Ich grüße ihn, aber ich spreche nicht mit ihm." Von seiner Haltung zu der des schulterzuckenden Agnostikers oder des überzeugten Atheisten sind es nur mehr ein paar kurze gedankliche Schritte.

Voltaire, eigentlich François-Marie Arouet (1694–1778)

Allerdings: Nach dem Ungeheuren in der Welt darf, wenn Gott keine Rolle mehr spielt, nicht gefragt werden. Nur mehr nach dem zu Verhindernden. Dieser unscheinbare, aber gewichtige Unterschied drückt sich in

Den stillen Glanz des Himmels empfanden seit jeher die Menschen als Kosmos – ein griechisches Wort, das zugleich Ordnung und Schönheit bedeutet.
Newtonsches Teleskop von Sir William Herschel vor dem Sternenhintergrund. Science Museum, London, Großbritannien.

Es war der griechische Philosoph Aristoteles, der die Unterscheidung zwischen dem Chaos hier bei uns und dem von uns entrückten Kosmos am deutlichsten formulierte.
Platon (mit den Gesichtszügen Leonardo da Vincis) diskutiert mit Aristoteles in der Schule von Athen. Fresko von Raffaello Sanzio, Stanza della Segnatura, Vatikan.

Das Streichquartett als die spätestens seit Joseph Haydn bevorzugte Kammermusikformation besteht aus vier Spielern, und die Violine, die Viola und das Cello besitzen jeweils vier Saiten.
Spielzimmer in der Wohnung von Konstanze und Wolfgang Amadeus Mozart in der Schulerstraße. Die drei letzten Haydn gewidmeten Quartette wurden hier von Mozart Vater und Sohn sowie ihren Freunden, den beiden Baronen Tinti, aufgeführt. Mozart-Haus, Wien, Österreich.

Die Kuppelbauten der großen Kathedralen, beginnend mit der Kuppel des Domes von Florenz, haben ein regelmäßiges Achteck als Grundriss.

Kuppel und Apsidenkranz von Santa Maria del Fiore, des Domes von Florenz. Der Entwurf stammt aus dem Jahr 1296, aber die Kuppel mit einem Durchmesser von 41 Metern wurde zwischen 1420 und 1426 von Filippo Brunelleschi errichtet.

Pythagoras meinte, dass aus dem Äther eine allumfassende, Leben spendende Kraft ausginge.
Die drei Philosophen Pythagoras, Thales und Pherekydes. Detail eines Ölgemäldes von Giorgione. Kunsthistorisches Museum, Wien, Österreich.

Seit Menschen den Himmel bewundernd betrachteten, wurden auffällige Sterngruppen des Fixsternhimmels zu Sternbildern zusammengefügt.

Sternkreiszeichen aus der Seefahrerkarte des Admirals Coligny. Italienische Handschrift aus dem Jahr 1602. Musée Condé, Chantilly, Frankreich.

Die Sterndeuter der Antike gaben der Jungfrau immer eine Ähre in die Hand: den Stern Spica, das lateinische Wort für Kornähre. Himmelsglobus von Joseph Jérôme Lalande aus dem Jahre 1775: In diesem Detail ist die Jungfrau mit dem Stern Spica abgebildet; er wird hier mit l'epi, dem französischen Wort für Ähre, und dem griechischen Buchstaben Alpha bezeichnet, denn es handelt sich um den hellsten Stern dieses Sternbildes. Privatsammlung, Wien, Österreich.

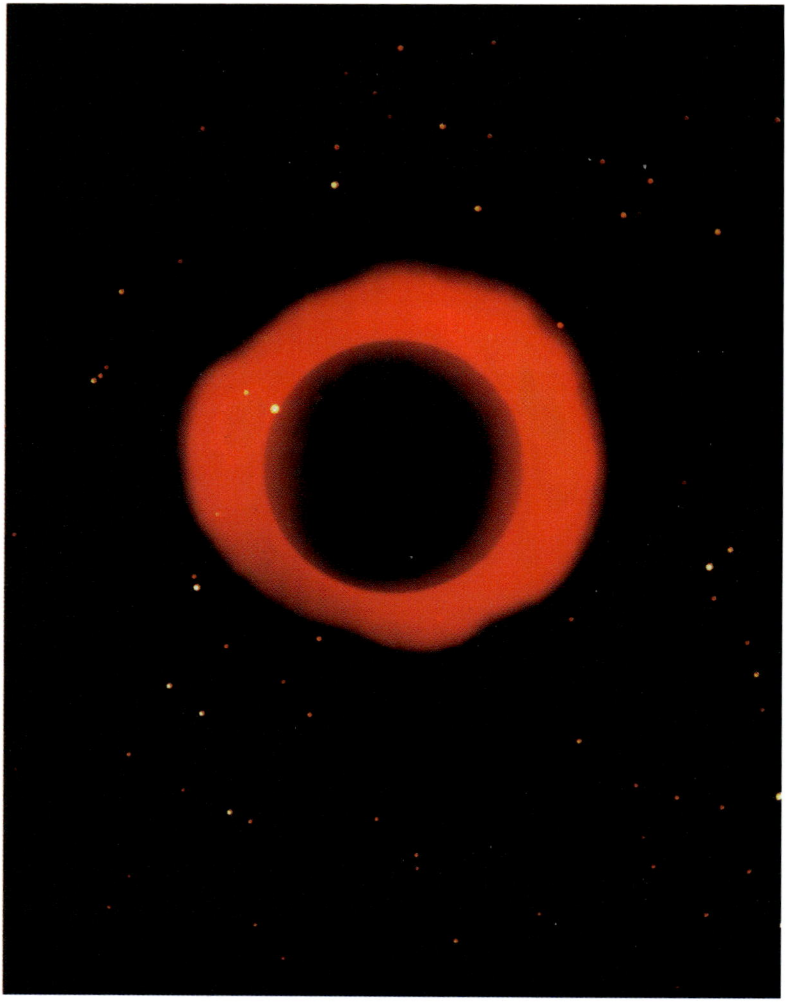

In der Ekliptik haust Tiamat, ein riesiger Drache. Er droht Sonne und Mond in seinem Rachen zu verschlingen oder mit seinem Schwanz zu erdrücken. Diese Fabel haben die Babylonier ersonnen, um sich das Geschehen einer Sonnen- oder einer Mondfinsternis vorstellen zu können.

Photographie einer Sonnenfinsternis im Jahre 1905 von einem Münchner Observatorium. Das Bild zeigt Merkur am Rand der Sonnenscheibe, obwohl er sich eigentlich hinter der Sonne befand. Dieses Phänomen wird von Einsteins Relativitätstheorie begründet.

Aus der aus vier raffiniert ineinander verwobenen deckungsgleichen rechtwinkligen Dreiecken bestehenden Figur entnimmt man auf einen Blick den berühmten Satz des Pythagoras.
Man kann einerseits den Flächeninhalt des großen Quadrats dadurch ermitteln, dass man die Länge der längsten Dreiecksseite mit sich multipliziert, andererseits aber auch dadurch ermitteln, dass man zum Flächeninhalt des kleinen, ein wenig verdrehten Quadrats die Flächeninhalte der vier rechtwinkligen Dreiecke addiert. Auf diese Weise gelangt man zur bedeutenden Formel des Pythagoras.

Ein großes Quadrat, darin eingebettet ein kleines, zum großen etwas verdrehtes Quadrat – das könnte man so fortführen, bis ins Unendliche …

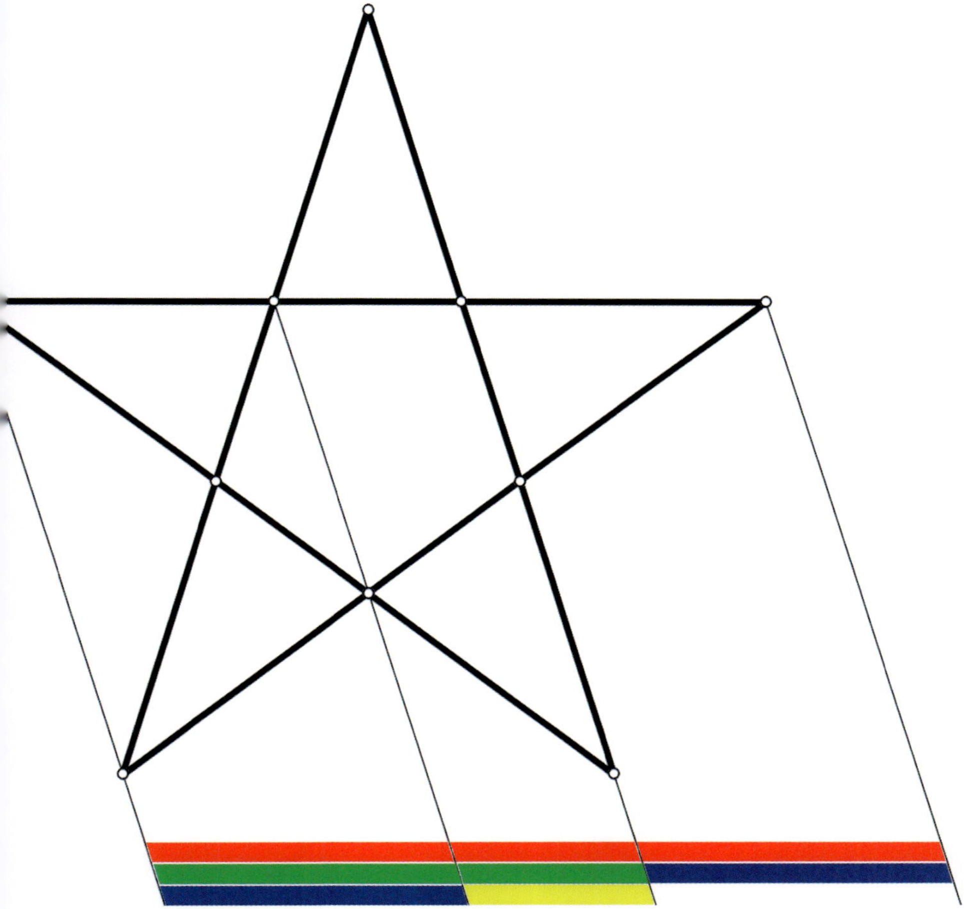

Die Schnittpunkte mit zwei der anderen Diagonalen unterteilen eine Diagonale des Pentagramms in mehrere Strecken. Das Verhältnis der jeweils längeren zur nächstkürzeren Strecke ist immer das gleiche: der Goldene Schnitt.

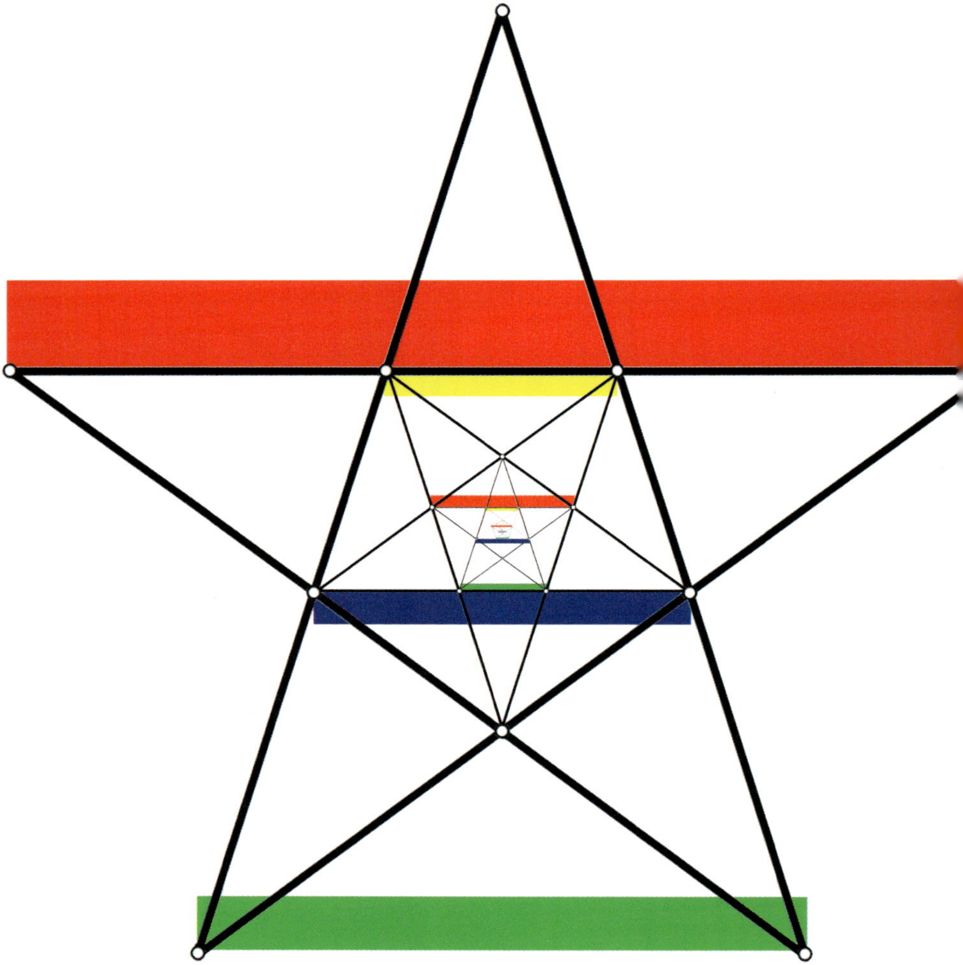

Für die Mathematik bahnbrechend war die Erkenntnis, dass das Verhältnis des Goldenen Schnitts in beliebig winziger Verkleinerung bei den potenziell unendlich vielen ineinander geschachtelten Pentagrammen zutage tritt, folglich kein Verhältnis ganzer Zahlen sein kann.

Im 20. Jahrhundert berief sich der Architekt und Maler Le Corbusier in seiner architekturtheoretischen Schrift „Der Modulor“ auf den Goldenen Schnitt, den er vor allem in den Proportionen des Menschen zu finden glaubte.
Le Corbusier (eigentl. Charles-Édouard Jeanneret-Gris): Modulor, Privatsammlung.

Betrachtet man eine Idealform des Menschen wie zum Beispiel die im Louvre ausgestellte Skulptur der Venus von Milo, so zeigt sich mehrfach der Goldene Schnitt.

Aphrodite von Melos, genannt Venus von Milo, in Melos gefundene Marmorfigur aus dem zweiten vorchristlichen Jahrhundert. Louvre, Paris, Frankreich.

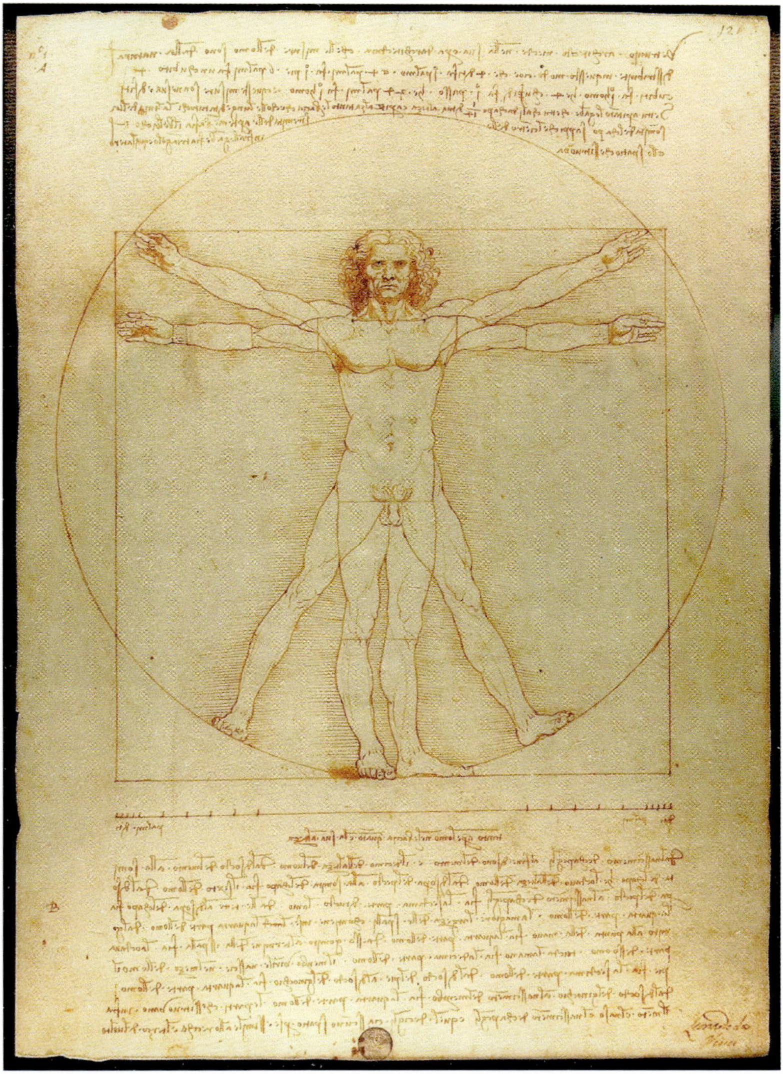

Die berühmte Studie Leonardos über den ideal proportionierten Menschen, der in einem Kreis mit dem Nabel des Menschen als Mittelpunkt und einem Quadrat mit der Scham des Menschen als Mittelpunkt eingeschrieben ist.
Leonardo da Vinci: Der Mensch des Vitruv, um 1490. Frontispiz der Abhandlung „Über die göttliche Proportion“ von Luca Pacioli, verfasst 1498, veröffentlicht 1509.

Von Bach ist bekannt, dass er eine Fülle von Zahlenbeziehungen in sein Werk einfließen ließ.
Elias Gottlob Haußmann: Johann Sebastian Bach.
Bach hält in seiner Hand den dreizehnten Kanon aus den Goldberg-Variationen. Ölgemälde. Stadtgeschichtliches Museum, Leipzig, Deutschland.

Wie in der Literatur „Ulysses“ von James Joyce oder im deutschsprachigen Bereich der „Brief des Lord Chandos“ von Hugo von Hofmannsthal die Moderne einläutete, wie in der Musik die Ouvertüre zu „Tristan und Isolde“ von Richard Wagner den Beginn der Moderne markierte, so darf man das „Schwarze Quadrat“ des Kasimir Sewerinowitsch Malewitsch als Angelpunkt der Moderne in der bildenden Kunst betrachten.
Kasimir Sewerinowitsch Malewitsch: Schwarzes Viereck.
Russisches Museum, St. Petersburg, Russland.

Schließlich kam man auf die Idee, dass die Zeichen als Botschaft genügen: Die ersten Symbole für Zahlen waren erfunden. Der Handel hat uns das Zählen, das Addieren und das Subtrahieren gelehrt.

Handelsvertrag über ein Feld und ein Haus. Schrifttafel, verfasst um 2800 v. Chr., aufgefunden in Schuruppak im Zweistromland. Louvre, Paris, Frankreich.

Schon früh bemerkten die ägyptischen Vermessungsbeamten, dass für die gerechte Bewirtschaftung mathematische Kenntnisse nötig sind.

Schreiber mit roten Federn und Papyrusseiten, die den Ernteertrag berechnen und registrieren. Detail einer Wandmalerei im Grabe Mennachs, des Schreibers und Verwaltungsinspektors unter Pharao Thutmosis IV. (18. Dynastie, 16.–14. Jahrhundert v. Chr.) im Friedhof von Sheikh Abd al-Qurnah. Gräber der Adeligen, Luxor, Ägypten.

Aufstrebende Handelsstädte ließen sich in ihrer Entfaltungsfreiheit nicht durch Verbote aus antiken und mittelalterlichen Zeiten einengen. Weltliches Wachstum erforderte viel Kapital. Dafür war man bereit, mit Zinsen zurückzuzahlen. Überregional organisierte Kreditmärkte entstanden.
Thomas Rowlandson und Augustus Charles Pugin:
New Yorker Börse. Lithographie, 1809.

Galilei, der von der Erfindung des Fernrohrs in den Niederlanden erfuhr, baute es sofort nach und verkaufte es den Händlern Venedigs. Denn die wollten weit ins Meer hinaus blicken und an den Fahnen der mit freiem Auge gerade noch erkennbaren Schiffe feststellen, ob diese von der eigenen Firma beladen wurden oder ob es sich um die Segler der Konkurrenz handelte.

Teleskop des Galileo Galilei auf der Terrasse von San Marco in Venedig, wo dieses Instrument dem Dogen präsentiert worden war. Fernrohr aus dem Museo Nazionale della Scienza, Florenz.

Als Isaac Newton junger Professor in Cambridge war, setzte er seinen ganzen Ehrgeiz daran, ein möglichst großes Linsenfernrohr zu konstruieren.

Charles Jervas: Porträt von Sir Isaac Newton.
The Royal Society, London, Großbritannien.

Newton entdeckte dabei zwar, dass sich das weiße Licht aus den Farben des Regenbogens zusammensetzt, aber bei der Herstellung des Linsenfernrohrs nützt dies wenig.

Isaac Newtons Manuskript über Optik und Farben, zusammen mit dem Prisma, das er bei seinen Experimenten verwendete. Trinity College, Cambridge, Großbritannien.

Dass man mit einem Parabolspiegel die Sterne beobachten kann, war Newtons geniale Idee. Auf die Farbe des Lichtes kommt es dabei nicht an – deshalb war Newtons Idee für die Astronomie zukunftsweisend.
Newtons erstes Spiegelteleskop. The Royal Society, London, Großbritannien.

Wenn man eine CD-Scheibe schräg gegen das Licht hält, bilden die Rillen der CD-Scheibe für sichtbares Licht ein ideales Gitter. Tatsächlich schillert die Oberfläche der CD-Scheibe in den schönsten Farben, die nicht auf die silberne Scheibe gemalt sind, sondern die Feynmans eigenartiger Regeln zufolge entstehen.
CD-Scheibe mit Spektralfarben.

… wenn wir den stillen Glanz der Sterne in einer klaren Winternacht bewundern und dabei vergessen, auf welch eigenartigen Bahnen das Licht seinen Weg zu uns findet.
Terrasse des Schlosses Belvedere, auf der Tycho de Brahe und Johannes Kepler ihre astronomischen Beobachtungen durchführten. Die Instrumente stammten aus der Werkstatt Habermehl bei Dresden. Belvedere Palast, Prag, Tschechische Republik.

Schon bevor der erste Ton eines Streichquartetts erklingt, sieht man den Primgeiger „drei-vier“ beziehungsweise „zwei-drei“ wippen, je nachdem ob das Stück ohne Auftakt mit einem Viererоder mit einem Dreier-Takt beginnt.

Max Oppenheimer: Das Rosé-Quartett. Arnold Rosé, Schwager von Gustav Mahler und Konzertmeister der Wiener Philharmoniker, spielte die erste Geige, Paul Fischer die zweite Geige, Max Handl die Bratsche und Friedrich Buxbaum das Cello. Stadtgeschichtliches Museum, Nürnberg, Deutschland.

Grundlegend für die Entdeckung der Perspektive war die Erkenntnis, dass parallele Geraden, die sich in der Tiefe des Raumes verlieren, von unserem Auge als von einem Punkt ausgehende Strahlen wahrgenommen werden.
Jörg Breu: Die Geschichte der Lucretia. Feder mit schwarzer Tinte auf Papier. Breu verdeutlicht mit geraden Linien den Fluchtpunkt. Szépművészeti Múzeum, Budapest, Ungarn.

Leonardo war sich des tiefen gedanklichen Gehalts der Erfindung des Fluchtpunkts sehr wohl bewusst. In seinem Secco des Letzten Abendmahls in der Mailänder Kirche Santa Maria delle Grazie, das Jesus mit den zwölf Aposteln zeigt, wird fulminant die Tiefe des Raumes mit den Mitteln der Perspektive erfasst.
Leonardo da Vinci: Das Letzte Abendmahl, gemalt 1498. Bereits Leonardo erkannte, dass sein Secco unwiderruflich korrodiert und seine Pracht verliert. Photographiert nach der Restaurierung zwischen 1997 und 2001 durch Dottoresse Brambilla. Refektorium der Kirche Santa Maria delle Grazie, Mailand, Italien.

„Grau, teurer Freund, ist alle Theorie, und grün des Lebens goldner Baum."
Keltisches Hügelgrab Kleinaspergle, am südlichen Rand von Asperg im Landkreis Ludwigsburg gelegen, Baden-Württemberg, Deutschland.

Der Schöpfer habe, so Leibniz, jeden einzelnen Menschen mit seiner jeweils ihm eigenen Welt geschaffen. Nur scheinbar leben sie alle in der gleichen Welt, in Wirklichkeit sind sie durch unüberbrückbare Abgründe voneinander getrennt.

Globen und Armillarsphären aus drei Jahrhunderten: vom 17. bis zum 19. Jahrhundert. Privatsammlung, Wien, Österreich.

Wenn man vom einen, vom unteilbaren Bewusstsein überzeugt ist, dann muss sich, wenn der Ruf „Du bist Petrus!" ertönt, jedes Ich angesprochen fühlen.
Genauso wie bei dem Ruf, und auch er ist erschallt: „Du bist Judas!"
Leonardo da Vinci: Detail aus dem Letzten Abendmahl: Kopf von Jesus, gemalt unmittelbar nach dem Augenblick, als er zu den Jüngern sagte: „Einer von euch wird mich verraten".

den Versuchen aus, den Jammer der Welt rational erklären zu wollen. Steht ein Schwerverbrecher vor seinem irdischen Gericht, erforscht man seine unglückliche Kindheit, um dem Ausmaß seiner Taten irgendwie gerecht werden zu können. Mäht ein jugendlicher Amokläufer mit dem Gewehr seines Vaters in einer Schule so lange Mitschüler und Lehrer nieder, bis er, von der Polizei in die Enge getrieben, seinem Leben das Ende bereitet, untersucht man akribisch sein Elternhaus, versucht man wissenschaftlich den Einfluss von Gewaltvideos zu erheben. Und für die Angehörigen der Opfer stehen nach modernsten Erkenntnissen ausgebildete Psychologinnen und Ärzte bereit, nicht mehr wie seinerzeit die Priester, welche bei der „Trauerarbeit" – man vermeint, auch für das Unsagbare irgendeinen Begriff erfinden zu müssen – helfen sollen. Weil man das Unfassbare irgendwie erklärt haben will.

Selbst wenn verbrecherische Diktatoren wahnwitzige Kriege anzetteln, Massenmorde, gar das Vernichten von Millionen Menschen kaltblütig befehlen – unentwegt sucht man nach Erklärungsmustern, vermutet sie in den damaligen gesellschaftlichen Bedingungen, gräbt nach den Motiven der willigen Vollstrecker grauenhafter Untaten. Denn wenn wir auf diese Welt zurückgeworfen sind, deren Grenzen abzustecken allein den Naturwissenschaften erlaubt ist, können wir gar nichts anderes tun: Das Ungeheure selbst gibt es nicht, es gibt nur zu Verhinderndes, und dessen Ursache gilt es ausfindig zu machen.

Und bei Naturkatastrophen, wenn Flutwellen Tausende Fischerdörfer versenken, wenn Orkane die Häuser von Millionenstädten zerbrechen, wenn Feuersbrünste ganze Landstriche verbrennen? Dann bleibt nur mehr der Trost, dass solche Dinge eben immer wieder geschehen, dass es blinder Zufall sei, ob man selbst oder nur der Nachbar oder die fremde Frau vom anderen Kontinent davon betroffen ist. Und sogar dafür gibt es Rechtsanwälte und Versicherungen, die zwar keinen Trost zu spenden in der Lage sind, wohl aber das einstige Klagen gegen Gott zu einem Klagen bei Gericht verwandeln.

Dennoch: All die Ausflüchte, welche entstehen, wenn man das Ungeheure durch das zu Verhindernde ersetzen möchte, fruchten letzten Endes nicht. Und die Devise moderner Hedonisten, Bernulf Kanitscheider zum Beispiel bezeichnet sich als solcher, man möge das kurze Leben genießen, das einem in diesem uns gegenüber gleichgültigen Universum gegönnt ist, zieht bestenfalls bei den sorglosen „beautiful people", die auf dem Hochglanzpapier der Gesellschaftspostillen grinsend abgebildet sind. „There's probably no god. Now stop worrying and enjoy your life!", „Es gibt wahrscheinlich keinen Gott. Hört auf, euch Sorgen zu machen und freut euch des Lebens!", ist auf den Außenseiten Londoner Busse affichiert. Betrieben wird die Annonce von modernen Hedonisten, die sich aus unerfindlichen Gründen „Brights", also „Helle Köpfe", nennen. Ob sie damit eine Mutter überzeugen, die in einem solchen Bus ins Krankenhaus zu ihrem sterbenden Kind fährt, mag dahingestellt bleiben.

In Wahrheit frevelte bereits Leibniz, weil er dem Schöpfer der Welt eine Rolle in einem Gedankenspiel zuwies. Lange vor den „Brights" war schon Leibniz, ohne dass er es je sein wollte, ein Ungläubiger. Weil er mehr als dem von ihm gedachten Gott seinem eigenen Denken vertraute. Einem Denken, das, obwohl Leibniz der größte Logiker nach Aristoteles war, vor dem Ernst der Welt versagt.

Es zeugt von Überheblichkeit, die Welt als die beste aller möglichen Welten zu bezeichnen. Ein paar Aspekte dieser Welt, zum Beispiel das Licht, haben wir intellektuell einigermaßen im Griff. Aber die Welt als Ganzes nie. Dafür ist die Verzweiflung vor dem Ungeheuren, die sie uns abringt, zu groß. Aber auch die Verzückung, die Glückseligkeit, die Euphorie angesichts des Wahren, des Guten, des Schönen, das sie uns ahnen lässt. Wenn der zweite Satz des Quintetts in C-Dur von Franz Schubert erklingt. Wenn wir empfinden, dass der von uns geliebte Mensch über alle Maßen glücklich ist. Wenn wir den stillen Glanz der Sterne in einer klaren Winternacht bewundern und dabei vergessen, auf welch eigenartigen Bahnen das Licht seinen Weg zu uns findet.

Mathematik und Moral

Von Budapest nach Princeton

Ein Wunderkind.

Der Vater, Max Neumann, Jurist in einer großen Bank der österreichisch-ungarischen Monarchie, wohlhabend und ehrgeizig, war sich sicher: Sein Sohn Jancsi ist ein Wunderkind.

In den letzten Tagen des Jahres 1903 kam er in Budapest zur Welt. Gerufen wurde er Jancsi, aber eigentlich hieß er Neumann János Lajos, und viel später, als er im Institute for Advanced Study in Princeton ganz Amerika mit seinem Genie beeindrucken sollte, nannte er sich John. John *von* Neumann, denn als er knapp zehn Jahre alt war, erwarb der Vater von seinem ungarischen König – Franz Joseph I. trug in Ungarn die königliche Stephanskrone – den heiß begehrten Adelstitel.

Schon früh zeigte sich, dass Jancsi mit stupender Leichtigkeit zu lernen verstand. Sprachen und Mathematik, einerlei was man ihm vorlegte, er begriff die Strukturen, die Inhalte in Sekundenschnelle. Der stolze Vater führte seinen Buben gerne bei den großen Soireen im Hause Neumann den Gästen wie eine Zirkusnummer vor: Er nahm das Telefonbuch von Budapest, schlug es willkürlich auf, riss eine Seite aus ihm heraus und gab seinem Jancsi diese Seite zum Lesen. Nach ein paar Minuten nahm er dem Buben die Seite wieder weg, reichte sie einem der Gäste und forderte diesen auf, irgendeinen Namen vorzulesen. Jancsi wusste die Telefonnummer des Genannten. Oder irgendeine Nummer vorzulesen. Jancsi konnte den richtigen Namen und sogar die genaue Adresse zuordnen. Er muss wohl ein eidetisches Gedächtnis besessen haben, die Fähigkeit, sich visuelle Eindrücke wie Photographien in allen Einzelheiten im Kopf zu bewahren und nach Wunsch jede beliebige Seite seines gleichsam in seinem Gehirn befindlichen Photoalbums aufzuschlagen.

Natürlich war er ein glanzvoller Schüler des Fasori Evangélikus Gimnázium, des renommierten evangelischen Gymnasiums von Budapest, in dem eine Reihe künftiger Nobelpreisträger die Schulbank drückte. Dem Vater war das anspruchsvolle Gymnasium für sein Kind aber nicht genug. Jancsi bekam zusätzlichen Unterricht von Hauslehrern und sog alles von ihnen angebotene Wissen begierig auf. Er beherrschte eine Vielzahl von Sprachen. Sein Leben lang hat er sich in einem halben Dutzend Sprachen schneller und gewandter auszudrücken verstanden als die jeweiligen Einheimischen. Jancsi, so wollte es der Vater, sollte einfach der Beste sein.

Doch bei der Wahl des künftigen Berufs kam es zum Konflikt. Das Rechtswesen oder das Bankgeschäft interessierte den jungen János überhaupt nicht. Max von Neumann zeigte sich einsichtig, beharrte aber darauf, dass sein Sohn etwas Vernünftiges, will heißen: Brauchbares studiere. Doch sein Sohn wollte unbedingt Mathematiker werden, was dem Vater gar nicht gefiel. Wie könne man damit anständig verdienen? Die Lösung des Konflikts bestand in einem Kompromiss: An der Eidgenössischen Technischen Hochschule in Zürich studierte János – dort nannte er sich Johann von Neumann – Chemie und erwarb das Diplom eines chemischen Ingenieurs, während er gleichzeitig in Budapest an der Péter-Pázmány-Universität Mathematik mit Physik und Chemie als Nebenfächern inskribierte und dort bei Leopold Fejér das Doktorat erwarb.

Sein Doktorvater Fejér war damals der glanzvollste Mathematiker Ungarns, ein ideenreicher und scharfsinnig denkender Mann, aus dessen Wirken eine Schule bedeutender ungarischer mathematischer Koryphäen hervorging. Fejér war ein gütiger Mensch und als Lehrer außerordentlich beliebt. Bei schwachen Studenten vor allem deshalb, weil es ihm nicht gelingen wollte, streng zu prüfen. Alle wussten: Wenn die Prüfung schiefzulaufen droht, stellt Professor Fejér die Rettungsfrage, wie denn die Formel für die binomische Summe lautet. Selbst als bei einer Prüfung der Kandidat schier bei jeder Frage verworren dreinblickte und nicht die leisesten Andeutungen einer Antwort zustande brachte – die der Prüfung beiwohnenden Assistenten von Fejér schlugen über solches Nichtwissen verzweifelt die Hände über den Köpfen zusammen –, fragte der schon erschöpfte Fejér: „Können Sie wenigstens die Formel der binomischen Summe?" Die konnte der Kandidat und kritzelte sie zitternd an die Tafel. Nachdem er das Prüfungszimmer verlassen hatte, bestürmten die Assistenten Fejérs ihren Chef, dass man doch endlich hier, bei diesem hoffnungslos ignoranten Studenten, ein Exempel statuieren und ihn mit „Nicht genügend" von der Universität verweisen sollte. „Na ja", murmelte Fejér in sich hinein, „die Formel der binomischen Summe hat er ja gekonnt." Und gab ihm ein „Gut".

János von Neumann brauchte solche Nachsicht nicht. Er brillierte auch als Student so, wie man es von ihm seit jeher gewohnt war. Mit 22 Jahren war er fertiger Doktor und erachtete die Welt von Budapest oder gar von Zürich als für ihn zu klein. Er wollte ins Zentrum der Mathematik vordringen. Fejér war sicher ein großartiger Mathematiker, aber in den Augen des ehrgeizigen jungen Doktors nicht der Beste von allen. Doch nur am Besten von allen wollte er sich messen. Das war in seinen Augen David Hilbert. Darum zog er als Johann von Neumann nach Deutschland, wurde 1926 Privatdozent an der Universität von Berlin und Mitarbeiter von David Hilbert in Göttingen.

John von Neumann (1903–1957)

Gab es schwierige Probleme, Johann von Neumann löste sie brillant.

So beschäftigte die Mathematiker um Hilbert vehement die Frage, wie man in der Mathematik mit dem Unendlichen umgehen könne, ohne sich in Widersprüche zu verwickeln. Johann von Neumann entwarf dafür ein höchst elegantes formales System von Axiomen und wurde Mitarbeiter am sogenannten „Hilbertschen Programm", das zu beweisen das Ziel hatte: Die formale Mathematik des Unendlichen ist auf unerschütterlich festem Fels gebaut. Sehr zum Erstaunen aller Mitarbeiter Hilberts bewies der österreichische Logiker Kurt Gödel, auch er ein junges Genie, knapp drei Jahre jünger als Johann von Neumann, dass dieses Programm zu ambitioniert und zum Scheitern verurteilt ist. Als Johann von Neumann den Artikel von Kurt Gödel las, wunderte er sich, dass er nicht selbst auf diese Erkenntnis gestoßen war. Anscheinend hatte er, jedenfalls auf dem Gebiet der mathematischen Grundlagenforschung, in Gödel einen Meister gefunden.

Der umtriebige David Hilbert war jedoch nicht nur an reiner, sondern auch an angewandter Mathematik interessiert. In den 1920er-Jahren entstand die Quantentheorie, mit deren Hilfe die Physik der Materie beschrieben werden kann. Um diese eigenartige und vielfach dem „gesunden Menschenverstand" widersprechende Theorie präzise fassen zu können, benötigten die Physiker mathematische Konzepte, die Hilbert zusammen mit seinen Schülern zur Verfügung stellen konnte. Den scheinbar krönenden Abschluss all dieser Bemühungen stellte ein Buch John von Neumanns dar – als es 1932 erschien, hatte er bereits Deutschland verlassen und war in Princeton –, dem er den Titel „Mathematical Foundations of Quantum Mechanics" gab. Doch John von Neumann musste erfahren, dass die meisten Physiker sein Werk zwar bewunderten, aber ihre Versuche, die Natur der Materie zu verstehen, nicht danach ausrichteten. Man kann das Buch mit einer Perle vergleichen, für welche die Natur nicht die passende Fassung bereit hat.

John von Neumanns Ehrgeiz, der ultimativ Beste zu sein, fand bislang keine Erfüllung.

Die Bombe und der Computer

Nun, in Princeton beheimatet, erhielt er den Auftrag der amerikanischen Regierung, beim Manhattan Project mitzuarbeiten. Dieselbe Kraft, welche die Sonne und die Sterne zum Leuchten bringt, wurde 1939 im Labor des Chemikers Otto Hahn reproduziert. Natürlich nicht in ihrer vollen Stärke, sondern in einer scheinbar harmlosen Umwandlung von einigen Spuren schweren Urans in zwei leichtere Metalle. Aber Lise Meitner, die frühere Mitarbeiterin Hahns, die, aus Deutschland vertrieben, brieflich von seinen Experimenten erfuhr, ahnte als Erste, dass man damit möglicherweise enorme Energien freisetzen kann. Entweder aus dem von Hahn verwendeten Uran durch Spaltung der Atome oder aber aus dem leichten Gas Wasserstoff durch Fusion der Atome. Wobei sich diese Energien vielleicht in vernichtenden Bomben bündeln ließen. Physiker in den Vereinigten Staaten, unter ihnen viele aus Hitlers Reich geflüchtete, waren alarmiert und beschworen die amerikanische Administration, ein Projekt einzurichten mit dem Ziel, Atomwaffen zu erzeugen und in einer Art Wettlauf der drohenden Atombombe des deutschen Aggressors zuvorzukommen.

Eben dieses Manhattan Project benötigte nicht nur die Raffinesse und das Geschick der besten Experimentatoren, sondern auch brillantes Denken und die Bewältigung kompliziertester Rechnungen. Und genau dafür war John von Neumann der Richtige. Er nutzte die damals noch in den Kinderschuhen steckende Entwicklung elektronischer Rechenmaschinen, trieb sie mit einer später nach ihm benannten „Architektur“ des Computers voran. Von Neumanns Erfindungen ermöglichten es, Änderungen an Programmen sehr schnell und ohne Änderungen an der Hardware durchzuführen. So konnte man in kurzer Folge verschiedene Programme ablaufen lassen. Dies war eine entscheidende Hilfe, um die außerordentlich aufwendigen Rechnungen für die Ballistik beim Abwurf der Bombe und für ihr sicheres Zünden souverän bewältigen zu können.

Konrad Zuse (1910–1995)

Allerdings war er auch in diesem Bereich nicht der Erste: Schon 1936 hatte der deutsche Ingenieur Konrad Zuse eine ähnliche Rechner-Architektur entwickelt und ein paar Jahre später verwirklicht. Doch John von Neumann hatte davon mit Sicherheit nichts gewusst.

Richard Feynman, der damals als umtriebiger junger Physiker unter vielen für den Bau der Bombe in Los Alamos angestellt war, erinnert sich an seine dortigen Begegnungen mit ihm: „John von Neumann, der große Mathematiker, war dort. Sonntags gingen wir zusammen spazieren. Wir schritten durch die Canyons, oft mit Bethe und Bob Bacher. Es war sehr vergnüglich. John von Neumann äußerte damals eine für mich interessante These: Man dürfe sich für die Welt, in der man lebt, keinesfalls verantwortlich fühlen. Auf von Neumanns Ratschlag hin habe ich seither einen starken Sinn für soziale Verantwortungslosigkeit entwickelt. Diese Haltung hat mich seither zu einem sehr glücklichen Menschen gemacht. Doch ich schulde es von Neumann, dass er in mir den Keim für meine willentliche Verantwortungslosigkeit gelegt hat."

Beim Lesen dieser Zeilen weiß man kaum, was man darin beängstigender finden soll: die Unverfrorenheit, in der sich Richard Feynman äußert, oder seine Kaltschnäuzigkeit. Das oft kolportierte und beschönigende Bild, die Physiker hätten unter größten Gewissensbissen in Los Alamos an der Bombe gebastelt, und die Militärs hätten ihnen das Teufelszeug gegen ihren Willen entwunden, bekommt so erhebliche Risse.

Eine österreichische Erfindung

John von Neumann mit Studenten

Zu glauben, von Neumann hätte sich in den 1940er-Jahren nur der Entwicklung der Atombombe gewidmet, hieße, die außerordentliche Fähigkeit dieses Ausnahmemathematikers zu verkennen, der vormittags in der einen mathematischen Theorie wichtige Beiträge lieferte und nachmittags in einer ganz anderen, die mit der vormittäglichen nichts zu tun hatte. Und der danach an den Abenden und in den Nächten glanzvolle Parties gab, die in Princeton legendär waren: Bis in die frühen Morgenstunden wurden die Gäste bei bester Bewirtung unterhalten, und John von Neumann selbst konnte bei diesen Anlässen nicht nur als Gastgeber brillieren, sondern sich auch seiner unbändigen Spielsucht beim Pokern hingeben. Nicht, dass er dabei viel Geld gewonnen hätte. Ihn faszinierte vielmehr die Art des Spiels: dass man selbst bei einem schlechten Blatt bluffen und damit Erfolg haben kann. Aber natürlich nicht immer bluffen darf, denn dann wüssten die anderen Spieler, dass sie einem notorischen Bluffer gegenübersitzen und könnten danach ihre Strategie ausrichten. Kann man, so fragte sich von Neumann, überhaupt auf mathematischer Grundlage die Strategie von Spielen, wie zum Beispiel des Tarock oder des Pokers, beschreiben?

Sehr zur Hilfe kam ihm in dieser Zeit ein aus Österreich vor Hitler geflüchteter Gelehrter: der Ökonom und ehemalige Direk-

Oskar Morgenstern (1902–1977)

tor des Österreichischen Instituts für Konjunkturforschung Oskar Morgenstern. Als begeisterter Leser der Romane Arthur Conan Doyles empfand Morgenstern manche der Probleme, denen sich Doyles Protagonist Sherlock Holmes gegenübersah, wie eine Art komplizierten Spiels konstruiert. So zum Beispiel die aufregende Szene, als Holmes und sein bewaffneter und von Mordgelüsten getriebener Gegenspieler Professor Moriarty gleichzeitig den Zug von London nach Dover besteigen. Beide wissen, dass der jeweils andere im Zug ist, aber da die Abteile nicht durchgängig sind, kann Moriarty erst beim Aussteigen in Dover zu Holmes gelangen und ihn erschießen. Doch, so überlegt Holmes, der Zug hält dazwischen noch in Canterbury. Also besteht für ihn die Chance, in Canterbury vorzeitig auszusteigen und so Moriarty zu entkommen. Doch, so denkt er weiter, Moriarty könnte den gleichen Gedanken hegen wie er, also darauf setzen, dass Holmes wohl den Zug in Canterbury verlassen würde. Vielleicht fasst auch er den Entschluss, vorzeitig in Canterbury auszusteigen. Ist es doch vernünftiger, bis nach Dover weiterzufahren? Allerdings, auch Moriarty könnte eben das erwägen ...

Die Entscheidung scheint ähnlich haarig wie beim Pokern mit einem schlechten Blatt in der Hand: bluffen, also weiterspielen, oder passen, also aussteigen?

In der Ökonomie kannte Morgenstern ähnlich verzwickte Situationen: Wann soll man zum Beispiel bei einer Auktion aufhören zu bieten? Und wie kann man eine Auktion so gestalten, dass die Ware zu einem aus objektiver Sicht „gerechten" Preis versteigert wird? Beim Studium solcher Fragen erinnerte sich Morgenstern an seine Wiener Zeit.

Begonnen hatte alles eigentlich knapp nach dem Ersten Weltkrieg. Karl Menger, Sohn des bedeutenden Ökonomen Carl Menger, wollte an der Universität Physik studieren, wurde aber von einer Vorlesung des inspirierenden Mathematikers Hans Hahn über das Wesen dessen, was man sich unter einer „Kurve" vorstellen soll, in den Bann der Mathematik gerissen. War die österreichische Wissenschaft der 1920er-Jahre einerseits von einer vorwärtsstrebenden innovativen Kraft erfüllt – Hans Hahn selbst gehörte dem Wiener Kreis an –, war das politische Umfeld der Wiener Universität andererseits mit dumpf rivalisierenden Banden stumpfsinniger Studenten verdüstert. Der feinsinnige Menger floh zeitweise die brodelnde Großstadt und erholte sich in den nahe gelegenen Sommerfrischen, am Semmering oder beim Schneeberg, in den schönen Gegenden bei Wien, wo jeder Baum fast eine Antiquität ist. Dort kam er, angeregt durch die Arbeitsweise seines analytisch denkenden Mentors, auf die Idee, das so eigenartig scheinende Geflecht menschlicher Beziehungen als mathematisches Objekt zu studieren. Vielleicht, so sein Gedanke, ist es möglich, Entscheidungen für Handlungen verbindlich als rational oder irrational auszuweisen und damit eine Grundlage für einen vernünftigen Umgang mit moralischen Problemen zu schaffen. Dies mündete in sein Buch „Moral, Wille und Weltgestaltung".

Kaum einer von Mengers mathematischen Kollegen schätzte dieses Werk. Die meisten meinten, er, der in der Kurven- und Dimensionstheorie bahnbrechende Erkenntnisse erzielt hatte, habe sich bei dieser Arbeit, die in der frischen Luft entstanden ist, weit unter seinem Wert geschlagen. Oskar Morgenstern hingegen ahnte, dass in Mengers Mathematik der sozialen Interaktion wichtige Einsichten verborgen sein könnten. Er entschloss sich, es in Princeton John von Neumann zu zeigen und ihn auf die beeindruckende Analogie von Spiel und ökonomischem Verhalten aufmerksam zu machen.

Dieser war von Morgensterns Idee begeistert. In ihrer Zusammenarbeit fanden sie zwar heraus, dass die Mathematik

*John F. Nash (*1928)*

bei den meisten Spielen heillos überfordert ist, Strategien für den sicheren Gewinn bereitstellen zu wollen. Doch dies stand gar nicht im Zentrum ihres Interesses. Sie wollten eher die Struktur verschiedenartigster Spiele unter die Lupe nehmen und vor allem zeigen, dass glatte Analogien zwischen einem harmlos scheinenden Spiel und einer beinharten geschäftlichen Verhandlung bestehen. Nach wenigen Jahren fruchtbringender Zusammenarbeit veröffentlichten sie das Buch „Theory of Games and Economic Behaviour" – die mathematische Spieltheorie war geboren.

Der Titel verschleiert, dass es sich um eine ernste Angelegenheit und zugleich um Mathematik handelt. Zunächst interessierten sich kurioserweise nicht die Geschäftsleute, sondern die Militärs dafür. Sie wollten die Dynamik des Kalten Krieges verstehen und das Gleichgewicht der Abschreckung, ein makabres Spiel mit Atomwaffen, austarieren. Die Ökonomen fanden erst später daran Gefallen. Als sie nämlich lernten, dass man die Theorie, die bei John von Neumann nur aus „Nullsummen-Spielen" bestand, ausbauen könne. An diese Möglichkeit hatte John von Neumann nie gedacht. Er glaubte, dass man mit Nullsummen-Spielen – was der eine gewinnt, müssen die anderen Teilnehmer des Spiels irgendwie aufgeteilt verlieren – die gesamte Spieltheorie erfassen könne. Einen innovativen Vorschlag eines damals noch jungen Studenten, des späteren Nobelpreisträgers John F. Nash, des Helden im Film „A Beautiful Mind" mit Russell Crowe in der Hauptrolle, lehnte er als Unsinn, bestenfalls als Verschleierung der längst von ihm selbst durchblickten Theorie ab.

Jedoch: John F. Nash hatte recht. Es gibt Spiele, sogar sehr interessante Spiele, die weit über den von John von Neumann gesteckten Rahmen hinausreichen.

Ultimatum

Am besten versteht man die Theorie anhand eines Beispiels: Ultimatum. Eines der banalsten und zugleich bizarrsten Spiele, die man sich denken kann: Zwei Spieler – sie müssen einander nicht kennen, können sich sogar in getrennten Räumen aufhalten – und ein Spielleiter bestreiten es. Beide Spieler wissen, was auf sie zukommt: Zunächst entscheidet ein Münzwurf, welcher der beiden Spieler die Vorhand hat. Dann legt der Spielleiter dem Spieler mit der Vorhand 100 Euromünzen auf den Tisch mit dem Angebot, er könne sich davon einen Teil nehmen und den Rest dem anderen überlassen. Der Haken dabei: Der andere kann diesen Rest akzeptieren. Dann teilen sich die beiden wie abgemacht das Geld, und das Spiel ist beendet. Oder der zweite Spieler lehnt das Angebot ab. Dann gehen beide leer aus, das Geld bleibt beim Spielleiter, und das Spiel ist ebenfalls unwiderruflich zu Ende.

Was soll dieses Spiel (das, wenn es mit vielen Kandidaten mehrfach durchgeführt wird, den Spielleiter sehr teuer zu stehen kommt)? Es liefert einen der eindrucksvollsten Beweise dafür, dass der Mensch aus ökonomischer Perspektive irrational handelt.

Denn bei vielen Tausenden Runden, in denen an den verschiedensten Orten der Welt, in den verschiedensten Kulturkreisen das Ultimatumspiel erprobt wurde, hat sich über alle Geschlechter-, Religions-, Bildungsgrad-, Altersdifferenzen hinweg immer wieder gezeigt: Der zweite Spieler akzeptiert das Teilungsangebot des ersten Spielers nur, wenn es nicht allzu weit von einer Fifty-fifty-Teilung abweicht: 40 Euro ist der zweite Spieler im Allgemeinen gewillt zu akzeptieren. Aber ein unfairer Teilungsvorschlag 90 zu 10 wird brüsk zurückgewiesen, geradezu als Demütigung empfunden.

Eigentlich, so würde ein rational handelnder homo oeconomicus argumentieren, sollte der Spieler mit der Vorhand die Aufteilung 99 Euro für sich, 1 Euro für den anderen vorschlagen. Denn ein Euro ist mehr als kein Euro, also – so denkt der homo oeconomicus – wird sich der andere eher diesen kleinen Gewinn gönnen als ganz leer ausgehen. Doch weit gefehlt. Der Mensch ist kein homo oeconomicus.

Was aber ist er dann? Dies beantworten zu wollen, zwingt zur hohen Philosophie. Gibt man sich bescheidener und fragt nur nach den Mustern menschlicher Verhaltensweisen, versucht die Spieltheorie Auskunft zu geben.

Eine zuweilen geäußerte Kritik gegen das Ultimatumspiel, die ernst zu nehmen ist, lautet: Das Spiel ist von der Realität so absurd entfernt, dass man damit nicht das Verhalten des Menschen in wirklichen Situationen beurteilen kann. Denn niemals werden einem ohne geringste Gegenleistung 100 Euro angeboten. „There ain't no such thing as a free lunch", lautet eines der wichtigsten Axiome in der Ökonomie. „Umsonst ist nur der Käse in der Mausefalle", belehrt uns im gleichen Sinn ein russisches Sprichwort.

Das Gefangenen-Dilemma

Interessanter, weil realistischer, ist ein zweites Beispiel: das berühmte Gefangenen-Dilemma. Albert William Tucker, der Lehrer und Förderer von John F. Nash, erfand es in den 1950er-Jahren, indem er die folgende Situation beschrieb: Zwei Ganoven, Al und Capone, werden verdächtigt, eine Bank ausgeraubt zu haben. Nachweisen kann man es ihnen aber nicht, nur wegen unerlaubten Waffenbesitzes können sie belangt werden. Der Staatsanwalt beschließt, jeden der beiden in eine Zelle zu sperren, sodass sie nicht miteinander kommunizieren können. Er geht zuerst zu Al, dann zu Capone und schlägt ihnen einen Handel vor: Wenn einer von ihnen als Zeuge der Anklage aussagt und zugibt, dass sie die Bank ausgeraubt haben, bekommt dieser Kronzeuge nur ein Jahr Gefängnis aufgebrummt, der leugnende Zweite muss hingegen zehn Jahre absitzen. Und sowohl Al als auch Capone wissen: Leugnen sie beide, werden sie nur wegen unerlaubten Waffenbesitzes mit zwei Jahren bestraft. Gestehen sie beide, kommen sie wegen des Bankraubs für sieben Jahre hinter Gitter. Was sollen sie tun?

Al denkt so: „Wenn Capone gesteht und ich leugne, sitze ich volle zehn Jahre. Wenn Capone gesteht und ich gestehe, sitze ich nur sieben Jahre. In dem Fall ist es besser, ich gestehe. Wenn aber Capone leugnet und ich auch leugne, sitzen wir beide zwei Jahre. Und wenn Capone leugnet und ich gestehe, sitze ich sogar nur ein Jahr. Auch in diesem Fall ist es besser, ich gestehe." Deshalb wird Al gestehen.

Capone denkt genauso. Also wird auch Capone gestehen. Der Staatsanwalt braucht bei den beiden Geständigen keinen Zeugen der Anklage mehr, und die beiden werden zu sieben Jahren gesiebter Luft verurteilt. Obwohl sie es hätten besser haben können, wenn sie beide geleugnet hätten.

In einer nicht so martialischen Variante eines „Investitionsspiels" erkennt man, dass dieses Gefangenen-Dilemma auch für rechtschaffene Personen von Bedeutung sein kann:

Zwei Spieler, die während des Spiels nicht miteinander kommunizieren können, sitzen einem Spielleiter gegenüber. Dieser bietet jedem der beiden Spieler an, in einen Topf entweder 100 Euro zu werfen oder aber dies zu verweigern. Er werde jedenfalls danach den Gesamtbetrag um die Hälfte erhöhen – dies entspricht der gängigen ökonomischen Vorstellung, dass gut investiertes Geld „arbeitet" – und die Endsumme auf die beiden Spieler halbe-halbe verteilen.

Was tun? Geben beide Spieler je 100 Euro in den Topf, wird nach Zugabe durch den Spielleiter die Summe von 300 Euro aufgeteilt und jeder Spieler hat einen Reingewinn von 50 Euro. Aber – so könnte der erste Spieler denken – wenn er die Gabe verweigert und der zweite brav 100 Euro spendet, dann wird nach Zugabe durch den Spielleiter die Summe von 150 Euro aufgeteilt: Der erste Spieler streicht den Reingewinn von 75 Euro ein – mehr als vorher – und der zweite Spieler hat den Verlust von 25 Euro eingefahren. Denkt der erste Spieler. Was aber, wenn der zweite Spieler so denkt wie er? Dann verweigern beide, und beide steigen als Verlierer eines möglichen Gewinns aus. Also ist Kooperation doch günstiger als purer Egoismus. Doch wie kann sich der eine auf die Kooperation des anderen verlassen? Gar nicht. Und darum verlieren beide.

Spieltheoretiker sehen voraus, dass beide Spieler, falls sie rational handeln, die Gabe verweigern, wenn sie wissen, dass sie an diesem Spiel nur ein einziges Mal teilnehmen. Sie verweigern sogar dann, wenn sie sich vorher verständigen können und einander scheinbar treuherzig versichern, dass jeder brav seinen Obolus leistet. Denn kommt die Stunde der Wahrheit und wird ihnen der Topf zum Einwerfen des Geldes vor die Nase gehalten, ist es ökonomisch das einzig Richtige, die Abmachung zu brechen und nichts einzuwerfen. Denn egal was der andere macht, nur mit dieser Strategie erzielt man den besseren Nutzen: wenigstens nichts zu verlieren, falls auch der andere sich nicht an die Abmachung hält, oder das Maximum zu gewinnen, falls der andere in seiner Naivität die Abmachung befolgt.

Anders jedoch ist es, wenn das Spiel mit den gleichen Personen mehrfach gespielt wird. In diesem Fall sehen beide Spieler schnell ein, dass ein dauerhaftes Verweigern der Gabe zwar keinen Verlust bringt, jedoch auch keinen Gewinn, der bei Kooperation doch zu erzielen wäre. Wenn – vielleicht nur zufällig – bei einem dieser vielen Spiele beide Partner den Obolus entrichten, erfahren sie das Glück, einen Gewinn zu erwirtschaften, was sie im Allgemeinen dazu verführt, weiter auf das Investieren von Geld in den Topf zu setzen. Bis plötzlich einer der beiden versucht, den anderen hinterhältig hereinzulegen.

Wie sich in vielen Experimenten gezeigt hat, ist die Strategie „Tit for Tat" bei diesen wiederholten Spielen zielführend: Man wagt den Versuch, mit dem zweiten Spieler zu kooperieren, und gibt Geld in den Topf. Hält sich der zweite an die Abmachung, zu spenden, beschließt man, auch beim nächsten Spiel wieder zu investieren. Betrügt hingegen der zweite, bestraft man ihn, indem man beim nächsten Spiel verweigert, Geld in den Topf zu werfen.

Wichtig ist, dass keiner der beiden Spieler weiß, welches der Spiele das letzte sein wird. Denn wüssten sie, dieses Spiel ist das letzte, entschieden sie mit Sicherheit, zu verweigern. Und wenn sie wüssten, welches Spiel das vorletzte ist, würden sie auch bei den beiden letzten Spielen klugerweise nichts investieren. Nur wenn offen bleibt, wie lange noch gespielt wird – im wahren Leben entspricht dies der Tatsache, dass keiner von uns weiß, wann seine letzte Stunde schlägt –, kann man mit einem kooperativen Verhalten à la „Tit for Tat" erfolgreich sein.

Spieltheoretiker, wie zum Beispiel der international renommierte und an der Universität Wien lehrende Karl Sigmund, ersannen eine Vielzahl von Varianten dieses Spiels: Statt mit zwei Spielern wird mit mehreren Spielern gespielt; der Einsatz muss nicht nur entweder hundert Euro oder null betragen, sondern kann auch Werte dazwischen annehmen; man kann gegen Errichtung einer Spende an den Spielleiter die Befugnis erwerben, Mitspieler, welche die Investition verweigern, zu bestrafen; man kann bei einigen der vielen Spiele entscheiden, auszusteigen und nur zuzusehen, ohne dass man Sanktionen befürchten muss, und so weiter. Und obwohl diese Spiele so simpel sind, spiegeln sie doch recht gut Weisen menschlichen Verhaltens wider.

Vor Kurzem wurde von Dirk Helbing und Wenjian Yu, Sozialwissenschaftlern der Eidgenössischen Technischen Hochschule Zürich, eine hochinteressante Variante dieses Investitionsspiels vorgestellt: Sie lassen die Spieler auf schachbrettartigen Spielfeldern in einer Ebene agieren. Jeder spielt das Investitionsspiel mit seinen unmittelbaren Nachbarn. Wenn die Spieler sich nicht bewegen dürfen und dicht aneinandergeschart sind, kommt es, wie es kommen muss. Selbst wenn bis auf einen in ihrer Mitte alle am Anfang kooperieren und sich alle an die Devise „Tit for Tat“ halten, am Schluss verweigern alle Spieler die Investition. Wenn aber die Spieler bei jeder Runde das Feld, auf dem sie stehen, wechseln können, wenn also eine Art von Migration gestattet ist, wendet sich das Blatt völlig: Die Spieler, die immer noch dem Motto „Tit for Tat“ folgen, ziehen in eine ihnen Erfolg versprechend anmutende Nachbarschaft. Es entstehen kleine Inseln von Spielergruppen, in denen das kooperative Verhalten, bei dem investiert wird, zur dominanten Strategie wird. Daraus erkennt man: „Soziale Mobilität“, also die Fähigkeit der Spieler, ihr Verhalten an die Umgebung anzupassen und zum Beispiel der Regel „Tit for Tat“ zu folgen, reicht für ein kooperatives Umfeld allein nicht aus. Wenn jedoch „räumliche Mobilität“, also das Angebot, sich das Umfeld seiner Mitspieler auszusuchen, dazukommt, wird sich auch auf lange Sicht Kooperation durchsetzen. Es mag sein, dass man hier ein Modell dafür gefunden hat, wie Solidargemeinschaften funktionieren.

Das Gute jenseits des Spiels

Die Vermutung, Spieltheorie wäre sogar in der Lage, moralisches Verhalten mathematisch beschreiben zu können, ist jedoch zu gewagt. Weshalb entscheidet sich ein Mensch für das Gute – im Spiel: für die Kooperation – und nicht für das Böse – im Spiel: für die Schädigung des Mitspielers, um damit den eigenen Nutzen zu maximieren? Hierauf gibt es zwei Antworten, die in den Rahmen der Spieltheorie passen:

Weil Kooperieren vor Bestrafung schützt. So die eine mögliche Antwort. Bei der Variante des Investitionsspiels, bei der man gegen einen Obolus an den Spielleiter das Recht erwirbt, die Gabe verweigernde Spieler zu bestrafen, wird diese Antwort aus mathematischer Sicht studiert.

Weil sich à la longue Kooperation, zum Beispiel nach der Strategie „Tit for Tat“, lohnt, weil man gleichsam den Gemeinnutzen vor den Eigennutzen stellt, um bei unbegrenzter Wiederholung des Spiels einen Gewinn erzielen zu können. Was kurzfristig töricht scheint, rentiert sich langfristig. So die zweite mögliche und von den Ergebnissen der Spieltheorie unterstützte Antwort.

Doch der eigentliche und edelste Antrieb, sich für das Gute zu entscheiden, ist dem Zugriff der Spieltheorie, der Mathematik überhaupt, entzogen: Man entscheidet sich für das Gute einfach deshalb, weil man *erkannt* hat, dass es das Gute ist. Eine solche Moral ist vom Utilitarismus unerreichbar weit entfernt. Denn sie gründet nicht auf Angst vor Bestrafung, nicht auf Erwartung von Belohnung, sondern einzig und allein auf existenzieller Erkenntnis.

War John von Neumann solch existenzieller Erkenntnisse fähig? Wir wissen es natürlich nicht. Wenn man sich aber vor Augen führt, mit welch kaltschnäuziger Akribie er zusammen mit den Militärs im Sommer 1945 die möglichen Ziele für den Abwurf der beiden Atombomben über Japan entschied – Kyoto zum Beispiel verwarf er, aber nicht, weil er Menschenleben schonen wollte, sondern wegen der dort befindlichen Kulturschätze; Hiroshima und Nagasaki wurden von ihm eiskalt als Opfer auserkoren, weil bei ihnen maximale Effekte, will heißen: Hekatomben von Toten, zu erwarten waren und vor allem das Flugwetter an diesen Orten ideal war –, kommen Zweifel auf.

Unheimlich sind die Berichte seiner Kollegen von den letzten Tagen seines Lebens: Von Neumann war erst knapp über 50 Jahre alt, da wurde bei ihm ein Tumor diagnostiziert, der mit Sicherheit zum Tode führen werde. Er, der sich mit Recht als eine mathematische Ausnahmebegabung betrachtete, dem kaum ein anderer Kollege in der Schnelligkeit des Denkens, in der Behändigkeit beim Rechnen, in seinem stupenden Organisationstalent auch nur das Wasser reichen konnte, wollte nicht wahrhaben, wie es im „Deutschen Requiem" von Brahms der Bariton so wunderbar singt: *„dass ein Ende mit mir haben muss, und mein Leben ein Ziel hat, und ich davon muss, und ich davon muss"*. Warum, so klagte er, ist sein heller Geist in das Dunkel des Grabes verdammt? In den langen Nächten hörte man ihn in seiner Wohnung bei Princeton verzweifelt brüllen und flennen, schlotternd aus Angst vor dem vermeintlichen Nichts. Sein Freund aus den Tagen von Los Alamos, Edward Teller, mit dem zusammen er einst „smarte" Bomben konstruiert hatte, meinte im Anblick dieses Jammers, er habe noch nie einen Menschen im Angesicht des Todes so erbärmlich geistig leiden gesehen.

Schließlich wurde John von Neumann ins Washingtoner Walter Reed Hospital überführt. Ein Soldat hielt vor dem Zimmer Wache, damit er im Delirium keine Staatsgeheimnisse verraten könne.

Hat er in seinen letzten noch wachen Stunden sein Schicksal angenommen? Niemand kennt die Antwort. Die Tiefen seiner Seele hielt er verborgen, vielleicht sogar vor sich selbst. Er, der sich in seiner besten Zeit nach außen hin als unbeschwerter, lebenslustiger und geselliger Bursche gab, glaubte kindisch naiv, für immer die Rolle des „Good Time Johnny" spielen zu dürfen. Beim Begreifen der Tragik des Daseins war John von Neumann keineswegs der Beste, nicht einmal der Zweitbeste. Das war er nur in allem, was er in der Mathematik angriff.

Mathematik und die Schöpfung

Wissen und Glaube

Im Herbst das Jahres 2008 traf die altehrwürdige Royal Society eine Entscheidung, die für erhebliches Aufsehen sorgte: Sie zwang den Biologieprofessor Michael Reiss, den Direktor ihres Erziehungsprogramms, der sich schon vorher als Professor für Wissenschaftserziehung am britischen Institute of Education Verdienste erworben hatte, zum Rücktritt. Denn Reiss hatte bei einem Wissenschaftsfestival in Liverpool dafür plädiert, Fragen von Schulkindern, wie denn Gott die Welt geschaffen habe, aufzugreifen und mit ihnen darüber im Unterricht ausführlich zu sprechen. Keinesfalls dürfe man Fragen von Kindern, deren Eltern sie mit der biblischen Schöpfungsgeschichte vertraut gemacht hatten, einfach als Unsinn abtun. Vielmehr müsse man mit ihnen ernsthaft darüber reden, auch in naturwissenschaftlichen Fächern. Nur so könne man ein wenig kritisches Nachdenken auslösen.

Provozierend empfand ein Teil des Publikums die Bemerkung von Professor Reiss, man solle Kreationismus nicht als eine falsche Vorstellung verdammen, sondern als eine Weltanschauung betrachten. Nicht nur britische, auch internationale Medien stürzten sich darauf und warfen Reiss vor, er habe den Kreationismus verharmlost und wolle ihn auf eine Stufe mit wissenschaftlichen Theorien stellen. Mehrere Nobelpreisträger und Mitglieder der Royal Society protestierten öffentlich und lauthals gegen Reiss. Richard Dawkins, Fellow der Royal Society, der in Oxford einen Lehrstuhl für Wissenschaftsvermittlung innehat und mit dem militant atheistischen Buch „Der Gotteswahn“ die Bestsellerlisten stürmte, mokierte sich darüber, dass Reiss nicht nur Professor, sondern auch ordinierter Priester der anglikanischen Kirche ist: „Ein Geistlicher, der bei der führenden Wissenschaftsorganisation des Landes für Erziehung zuständig ist – das ist doch ein Monty-Python-Sketch!" Anfangs erklärte die Royal Society noch, Reiss sei mit seiner Bemerkung über den Kreationismus missverstanden worden, aber schließlich gab sie es auf, sich hinter ihn zu stellen: Laut einer Mitteilung der Akademie erfolgte der Rücktritt – im gegenseitigen Einvernehmen, wie es in diesem Schreiben hieß.

Im Sommer 2005 veranstaltete der von seinem höchst engagierten Direktor Helmut Obermayr geleitete Österreichische Rundfunk von Oberösterreich im ehrwürdigen Stift Kremsmünster eine Tagung zum Thema „Mit Gott rechnen", an der renommierte Wissenschaftlerinnen und Wissenschaftler zum Publikum sprachen, unter ihnen Bernd-Olaf Küppers, Biophysiker, Evolutionstheoretiker und Mitglied der „Vatican Research Group", Wolfhart Pannenberg und Karen Gloy, beide Theologen und beseelt vom unbändigen Wunsch, die Naturwissenschaften mit dem biblischen Glauben zu versöhnen, Walter Thirring, mathematischer Physiker der Universität Wien von Weltrang, sowie viele andere. Zentrales Thema in den Gängen des Stiftes war ein gerade in diesen Tagen in der „New York Times" erschienener Artikel von Kardinal Christoph Schönborn, worin Sympathien zur Idee eines „Intelligent Design", also zur Vorstellung einer von göttlichem Willen hervorgebrachten und zielgerichteten Schöpfung, durchklangen und worin die sich fundamentalistisch gebärdende Haltung von Vertretern des Darwinismus gebrandmarkt wurde. Blankes Entsetzen über den Kardinal bis hin zur brüsken Ablehnung prägten die Haltung der von Darwins Theorie überzeugten Wissenschaftler. Man sprach davon, dass die römische Kirche in einen neuen „Fall Galilei" hineinzuschlittern drohe und sich damit unsäglich vor der modernen Wissenschaft und der von dieser Wissenschaft geprägten Gesellschaft blamiere.

Die beiden geschilderten Ereignisse, wie viele andere gleichartige, lassen an den maßgebenden deutschen Philosophen Karl

Jaspers denken, der in seinem Buch über den philosophischen Glauben anhand zweier Protagonisten, Giordano Bruno und Galileo Galilei, auf den Unterschied zwischen Glauben und Wissen hinwies:

Karl Jaspers (1883–1969)

Bruno war überzeugt: Das Weltall sei unendlich groß. Die Sterne, in unendlicher Vielzahl vorhanden, seien in Wahrheit Sonnen, so gewaltig und strahlend wie unsere eigene. Unzählige Welteninseln gebe es in diesem All, die belebt und von intelligenten Wesen bewohnt seien. Stichhaltig begründen konnte Bruno es nicht. Er hatte es geahnt, war nur befähigt, Spekulationen von sich zu geben. Aber er war von seinen Vorstellungen, die der kirchlichen Lehre von der Einmaligkeit des Menschen zu widersprechen scheinen, so beeindruckt, dass er sie für unbedingt wahr hielt. Sie zu bezweifeln hieße für ihn, an seiner eigenen Existenz zu rühren. So sehr identifizierte sich Bruno damit. Er war ein Glaubender. Und ist trotzig gegen alle Anfeindungen der Inquisition standhaft geblieben, bis zu seinem grausamen Tod in den Februartagen des Jahres 1600.

Galilei war überzeugt: Die Erde kreise um die Sonne. Nur der Mond sei der einzige sichtbare Wandelstern, der um die Erde kreise, auch alle anderen Planeten kreisen um die Sonne. Die Physik, welche auf der Erde gilt und die man experimentell mit schiefen Ebenen und schwingenden Pendeln erforschen kann, bleibe auch außerhalb der irdischen Sphäre gültig. Galilei war sich aufgrund seiner Beobachtungen und seiner Experimente sicher, dass er recht hat. Leute, die seinen Argumenten nicht folgen konnten oder nicht folgen wollten, hielt er für dumm. Nicht umsonst benannte er in seinem in italienischer Sprache, also für eine große Lesergemeinde geschriebenen Buch über die „zwei Weltsysteme“

denjenigen fiktiven Gesprächspartner, der seinen Ansichten ablehnend gegenüberstand, „Simplicio“. Doch als ihm der Prozess vor der heiligen Inquisition gemacht wurde und er die Folterinstrumente zu sehen bekam, widerrief er und versprach, sich nicht mehr öffentlich über seine Ansichten zu äußern. Man wirft noch heute der katholischen Kirche vor, sie hätte den alten Galilei unter Hausarrest in Gewahrsam genommen. Doch in Wahrheit war er in diesem seinem Alterssitz komfortabel untergebracht und er starb, einzig betrübt darüber, dass die von ihm geliebte Kirche seinen Ansichten so ablehnend gegenüberstand, als frommer Christ. Auch als Wissender. Dass nämlich seine astronomischen Erkenntnisse trotz seines Schweigens richtig sind und über seinen Tod hinaus richtig bleiben. Natürlich war es aus seiner Sicht vernünftig, zu widerrufen. Das ändert doch nichts daran, dass sich die Erde trotzdem um die Sonne bewegt. Wozu soll man sich für dieses Wissen foltern lassen?

Für eine objektive Wahrheit, die es nicht wert ist, wie ein Glaubenssatz verkündet zu werden, gibt nur ein Verrückter sein Leben hin. Ein sehr drastisches Beispiel verdeutlicht dies: Im Jahre 1897 wurde dem Parlament des Bundesstaates Indiana der USA ein Gesetzesentwurf vorgelegt, wonach die Größe π, welche das Verhältnis von Umfang zu Durchmesser eines Kreises angibt, exakt den Wert 4 besitzt. Initiiert wurde der Antrag vom damals in Indiana einflussreichen Mediziner Edward J. Goodwin, der behauptete, er habe bereits im Jahr 1888 „auf übernatürliche Art und Weise das exakte Maß des Kreises“ erfahren. Nur einem glücklichen Umstand ist es zu verdanken, dass dem Gesetzesantrag nicht stattgegeben wurde: Der zufällig anwesende Mathematiker Clarence A. Waldo überzeugte die gesetzgebende Versammlung von Indiana davon, dass schon Archimedes feststellte, π könne sicher nicht größer als $3 + 1/7$ sein. Darum wurde die endgültige Abstimmung über den Antrag schließlich auf unbestimmte Zeit vertagt. Doch stellen wir uns vor, der Staat Indiana hätte tatsächlich mit Gesetzeskraft verfügt: Zu behaupten, es wäre π von 4 verschieden, wird mit strengsten Strafen geahndet. In diesem Staate wäre jeder, der dies trotzdem tut, ein von allen guten Geistern verlassener Dummkopf. Denn erstens bleibt auch dann, wenn man es nicht sagt, π von 4 verschieden. Und zweitens ist das Wissen um die Unsinnigkeit der Behauptung, π sei 4, so banal, dass sein Wert nicht im Geringsten den Einsatz der persönlichen Existenz aufwiegen kann. Angesichts einer solchen Gesellschaft ist es das einzig Vernünftige, entweder auszuwandern oder aber still zu warten, bis dieses absurde Tabu aufgehoben wird, falls nicht zuvor das Gemeinwesen an seinen eigenen Widersprüchen zerbricht.

Gerade deshalb sind die Reaktionen der von Darwins Evolutionstheorie überzeugten Wissenschaftler in ihrer Heftigkeit so irritierend:

Denn entweder kommen die Gegner des Darwinismus aus einer Welt von vorgestern und haben mit ihren Ansichten nicht die geringste Chance, wirksam auf gesellschaftliche Strömungen Einfluss zu nehmen. Dann könnten die von Darwins Theorie überzeugten Wissenschaftler ihre Gegner als eigenartige Spinner links liegen lassen. Ähnlich wie es Meteorologen mit Abergläubischen halten, die nicht auf die mit Satellitenbeobachtungen erstellten Wetterprognosen für die nächsten sechs Tage, sondern auf den Hundertjährigen Kalender setzen.

Oder aber den Gegnern des Darwinismus gelingt es, wie man von einigen Bundesstaaten der USA vernimmt, massiv Einfluss auf die Gesellschaft zu nehmen. Dann wäre es vonseiten der von Darwins Theorie überzeugten Wissenschaftler das Vernünftigste, diese Gesellschaften einfach zu meiden. Und gleichzeitig in aller Ruhe zu warten, bis diese

Charles Darwin (1809–1882)

Gemeinwesen entweder ihre der Evolutionstheorie gegenüber feindliche Haltung aufgeben oder aber untergehen – was sie ja müssten, wenn die Grundlage ihres Selbstverständnisses auf einem Widerspruch beruht.

Darum ist es unangemessen, wenn von der Evolutionstheorie überzeugte Biologen Personen, die Darwins Theorie nicht als letztgültige Wahrheit sehen wollen, wie zum Beispiel Kardinal Christoph Schönborn, mit wilden Polemiken angreifen. Wenn sie dazu aufrufen, Vermittler, wie offenkundig Michael Reiss einer sein wollte, so zu behandeln, wie seinerzeit Glaubensdiktaturen Häretiker verfolgten. Angriffe wie diese legen die Vermutung nahe, dass prononcierte Vertreter von Darwins Evolutionstheorie nicht die Position Galileis, also die eines Wissenden, sondern eher die Position Brunos, also die eines Glaubenden, einnehmen.

Unheimliche Wandelbarkeit

Schon als Charles Darwin Mitte des 19. Jahrhunderts seine Theorie formulierte, erschütterte er den Glauben an ein Dogma. Doch zu Darwins Zeit handelte es sich um ein wissenschaftliches Dogma: Carl von Linné war von der Beständigkeit aller Pflanzen- und Tierarten über die Zeiten hinweg überzeugt. Zwar sprach schon die Tatsache, dass man durch Züchtung aus ursprünglichen Wildgewächsen Nutz- und Gartenpflanzen sowie aus Wildtieren Haustiere bilden kann, gegen das Linnésche Prinzip der Artbeständigkeit. Der österreichische Botaniker Anton Kerner von Marilaun wies schon vor und parallel zu Darwin darauf hin. Aber hier konnte

Carl von Linné (1707–1778)

man noch entgegnen, dass die Veränderung der Arten künstlich und zielgerichtet durch den Menschen herbeigeführt wurde. Ein wenig, so schien es, imitiert der Züchter neuer Nutzpflanzen und neuer Haustiere den göttlichen Schöpfer. Dieser habe ja in seiner Allmacht überhaupt der Reihe nach die Pflanzen, danach die Tiere im Wasser, in der Luft, auf der Erde, schließlich, als letzten und besonderen Schöpfungsakt, den Menschen geschaffen.

Georges Cuvier (1769–1832)

Darwin jedoch erkennt aus seinen vielfältigen und mit größter Sorgfalt durchgeführten Beobachtungen: Das Linnésche Prinzip der Artbeständigkeit ist durch und durch unhaltbar. Es genügt auch nicht, den Vorstellungen des französischen Gelehrten Georges Cuvier zu folgen, wonach in der Erdgeschichte wiederholt große Katastrophen einen Großteil der Lebewesen vernichteten und aus den verbliebenen Arten in darauffolgenden Phasen neues Leben entstanden sei. Cuvier war überdies, in Übereinstimmung mit Linné und im Gegensatz zu seinem ehemaligen Schüler Étienne Geoffroy Saint-Hilaire, davon überzeugt, dass es in der Natur mehrere verschiedene „Baupläne“ für Lebewesen gebe, die in ihrer Struktur unverändert bleiben. Das Variationsvermögen der Pflanzen und Tiere geht jedoch viel weiter, als alle Vorgänger von Darwin angenommen hatten. Verantwortlich sind dafür vor allem drei Bedingungen: Erstens, dass Lebewesen ihre Merkmale von einer Generation zur nächsten vererben. Zweitens, dass es im Zuge dieser Vererbung rein zufällig zu Veränderungen kommen kann. Drittens, dass die Überproduktion der Nachkommenschaft die Möglichkeit bietet, dass sich jene Veränderungen gleichsam in Nischen konsolidieren, die der sie umgebenden Umwelt möglichst gut angepasst sind.

Jean-Baptiste de Lamarck (1744–1829)

Entscheidend ist der im zweiten Punkt genannte Zufall. Jean-Baptiste de Lamarck war, ein halbes Jahrhundert vor Darwin, auch der Ansicht, dass eine über alle Zeiten hinweg gültige Beständigkeit der Arten im Sinne von Linné zu bezweifeln ist. Fossilfunde zeigten ihm, dass bestimmte Arten ausgestorben sein müssen. Aber er war noch der Meinung, dass es die Umweltbedingungen sind, die eine Anpassung der Lebewesen im Lauf der Generationen bewirken. Die Organismen entwickeln sich, von ihrer Umgebung angeregt, zu immer neuen Formen. So dachte er, dass die Schwimmhäute der Wasservögel gebildet wurden, weil diese Transformation der ursprünglichen Form des Vogelfußes von den Flüssen und Seen, in denen sich die Wasservögel bewegen, hervorgerufen wird. Doch dies stimmt so sicher nicht. Und es wäre falsch, würde man in der Variation der Arten so etwas wie einen Entwicklungsplan herauslesen wollen: dass bei der sich ständig ereignenden Entstehung von Arten eine Tendenz zu einer immer vielschichtiger werdenden Struktur vorliege, es einen Richtungssinn vom Einfachen zum Komplexen gebe. Seit Darwin sind Biologen davon überzeugt, dass dies nicht der Fall ist.

Die Mutationen, also die Veränderungen des Erbguts im Zuge des Wechsels von einer Generation zur nächsten, verlaufen nicht nach irgendeinem Plan. Sie erfolgen rein zufällig. Bei den meisten Mutationen muss man damit rechnen, dass sie für das jeweilige Individuum, welches sie erfährt, mit Nachteilen verbunden sind und die Chance dieses Individuums, lange zu leben, rapide sinkt. Damit ist aber auch eine Weitergabe dieser ungünstigen Veränderung außerordentlich unwahrscheinlich. Bei einigen wenigen Mutationen eröffnet sich die Möglichkeit, dass die daraus gebildete

Art sich in einer Nische ihrer Umgebung prächtig entwickeln kann. Deshalb gründet es auf den puren Zufall, dass die Artenvielfalt auf unserer Erde gerade so und nicht anders gestaltet ist.

Zwangsläufig scheint man zu dem Schluss zu gelangen, dass die Existenz des Menschen glattweg auf dem Zufall beruht. Ein Satz, der von allen als Skandal empfunden wird, die von der Idee einer gottgewollten Schöpfung überzeugt sind.

Biologen verweisen auf die Beobachtungen und Experimente, die uneingeschränkt Darwins Theorie untermauern. Insofern sie dies tun, nehmen sie, im Sinne der von Jaspers getroffenen Unterscheidung zwischen Wissen und Glauben, die Position Galileis ein. Einige der Biologen aber vermeinen, mit ihren Erkenntnissen tatsächlich die religiösen Lehren von der Erschaffung der Welt durch einen allmächtigen Schöpfer endgültig widerlegt, das Wort vom Menschen als „Krone der Schöpfung" als Unsinn entlarvt zu haben. Insofern sie dies tun, nehmen sie, im Sinne der von Jaspers getroffenen Unterscheidung zwischen Wissen und Glauben, die Position Brunos ein.

Und es liegt kein handfester Beleg vor, der ihren Glauben stützt. Die Evolutionstheorie kann jedenfalls dafür nicht herangezogen werden.

Dies klingt befremdlich, weil doch gerade oben dargelegt wurde, dass die Artenvielfalt in Flora und Fauna, der Mensch in der Fauna mit eingeschlossen, allein dem Zufall anheimgestellt ist. Doch dieser scheinbare Widerspruch löst sich auf, wenn man überlegt, was das Wort „Zufall" bedeutet.

Wahrscheinlichkeit und Zufall

Im 17. Jahrhundert hatten die beiden französischen Gelehrten Pierre de Fermat und Blaise Pascal die Wahrscheinlichkeitstheorie entworfen. Es ist eine abstrakte mathematische Disziplin, welche Verfahren beschreibt, wie man sogenannten „Ereignis-

Pierre de Fermat (1607–1665)

Blaise Pascal (1623–1662)

sen“ Bruchzahlen zwischen null und eins zuordnet, die man die „Wahrscheinlichkeiten“ für das Eintreten dieser Ereignisse nennt. Drei einfache Beispiele dafür sind:

Erstens der Münzwurf: Hier gibt es nur zwei Ereignisse. Die Münze kann entweder auf „Kopf“ oder aber auf „Zahl“ fallen. Weil die Münze symmetrisch geformt ist, weiß man von vornherein, wie die Wahrscheinlichkeit lautet, dass die Münze auf „Kopf“ fällt: Sie beträgt $^1/_2$. Und die Wahrscheinlichkeit dafür, dass die Münze auf „Zahl“ fällt, lautet ebenfalls $^1/_2$.

Zweitens der Wurf eines Reißnagels: Auch hier gibt es nur zwei Ereignisse. Der Reißnagel kann entweder nach dem Wurf mit der Spitze nach oben zeigen oder aber nach dem Wurf so liegen, dass seine Spitze schräg in den Boden sticht. Hier kann man nicht von vornherein davon ausgehen, dass beide Ereignisse gleich wahrscheinlich sind. Einem Vorschlag des österreichisch-ungarischen Mathematikers Richard von Mises zufolge kann man aber so vorgehen: Man wirft den Reißnagel 100 Mal in die Luft und registriert, dass er bei 37 dieser Versuche nach dem Wurf mit der Spitze nach oben zeigt und bei 63 dieser Versuche nach dem Wurf so liegt, dass seine Spitze schräg in den Boden sticht. Aufgrund dieser Versuchsreihe und der dabei ermittelten Häufigkeiten nimmt man – jedenfalls vorläufig – an, dass die Wahrscheinlichkeit für die Position mit der Spitze nach oben 37 Prozent = $^{37}/_{100}$ beträgt und die Wahrscheinlichkeit für die andere Position 63 Prozent = $^{63}/_{100}$ lautet.

Drittens der Würfel: Hier gibt es sechs Ereignisse, denn der Würfel besitzt sechs Facetten, die mit den Augenzahlen von eins bis sechs nummeriert sind. Weil der Würfel symmetrisch geformt ist, weiß man von vornherein, wie die Wahrscheinlichkeit lautet, dass nach dem Wurf eine bestimmte der sechs Augenzahlen gezeigt wird: Sie beträgt $^{1}/_{6}$.

Hätte man von Fermat oder von Pascal wissen wollen, was man „davon habe", dass man Ereignissen Wahrscheinlichkeiten zuordnen kann, hätten sie auf diese allein auf Nützlichkeit bedachte Frage wohl so geantwortet: Damit kann man mit Sicherheit reich werden. Wie gelingt das? Wir führen es an einem einfachen Beispiel vor:

Wir brauchen dazu nur einen Würfel, eine prall mit Geld gefüllte Brieftasche und viele einfältige Menschen als Kunden. Wir versprechen jedem der Kunden, dass er 500 Euro erhält, wenn er mit unserem Würfel die Augenzahl Sechs würfelt. Allerdings muss er, damit er würfeln darf, 100 Euro Einsatz bezahlen. Mit diesem Geschäftsmodell ist auf lange Sicht der Gewinn mit mathematischer Sicherheit garantiert. Denn der Basler Mathematiker Jakob Bernoulli hat zu Beginn des 18. Jahrhunderts ein für alle Mal bewiesen, dass ein ideal symmetrischer Würfel bei vielen, sehr vielen Würfen die Augenzahl Sechs bei ziemlich genau einem Sechstel dieser Würfe zeigt. Und das Wort „ziemlich genau" geht, wenn man die Zahl der Würfe bis ins Unendliche hin steigert, sogar in das Wort „ganz genau" über. Hätten wir jedem Kunden statt 500 Euro gar 600 Euro beim Wurf der Augenzahl Sechs versprochen, würden wir nach vielen Spielen ohne Gewinn, aber auch ohne Verlust aussteigen. Der nur mit 500 Euro veranschlagte Erlös jedoch macht uns auf lange Sicht zu sicheren Gewinnern. Die prall gefüllte Brieftasche, die wir in der Hinterhand haben, dient allein dazu, dass wir bei einer möglichen Glückssträhne unserer Kunden am Anfang unseres Geschäfts nicht sofort Konkurs anmelden müssen. Später brauchen wir sie nicht mehr, weil wir bei sehr vielen Kunden mit Sicherheit sehr reich werden.

Das Beispiel mag grotesk klingen. In ein paar verwickelteren Varianten ist es jedoch in den Spielcasinos genau so verwirklicht, wie wir es hier schilderten. Und nicht nur Casinos, fast alle Branchen der Wirtschaft, vor allem die Geschäfte an den Börsen und die Versicherungen, kalkulieren mit Wahrscheinlichkeiten. Das einzige Problem ist: Meist kann man diese nicht so einfach bestimmen wie bei einer Münze oder bei einem Würfel.

Was aber, wenn ein Kunde bei unserem Würfelspiel teilnimmt, seinen Obolus von 100 Euro entrichtet, den Würfel nimmt, ihn sich zurechtdreht und dann einfach mit der die Augenzahl Sechs zeigenden Seite nach oben auf den Tisch legt? Dann protestieren wir, weil ein solches gezieltes Hinlegen des Würfels nicht unseren Regeln entspricht. Der Würfel soll ja geworfen werden. Das heißt, er soll sich während des Wurfs so kunterbunt wirr durch die Luft bewegen, dass niemand, weder der Kunde noch wir, die geringste Chance besitzt, vorherzusagen, wie er fallen wird. Dann sprechen wir davon, dass der Würfel *zufällig* fällt. Und nur wenn er zufällig fällt, geht die Strategie unseres Geschäfts auf.

Unser Beispiel lehrt dreierlei:

Erstens ist „Zufall" ein Konzept, das wir entwickelt haben, um für das Eintreten von Ereignissen Wahrscheinlichkeiten angeben zu können. Objektiv gegeben, „draußen in der Welt" vorhanden, ist der Zufall nicht. Damit das Konzept „Zufall" verwendet werden kann, muss man *voraussetzen*, dass im Einzelfall völlig ungewiss ist, ob das Ereignis eintritt oder nicht. Im Beispiel unseres Würfelspiels bedeutet dies konkret: Dass der Würfel „zufällig" fällt, erlaubt uns zu behaupten, dass man dem Werfen jeder seiner Augenzahlen die Wahrscheinlichkeit $^1/_6$ zuordnen kann. Und es wird *vorausgesetzt*, dass bei jedem einzelnen Wurf völlig ungewiss ist, welche der Augenzahlen der Würfel zeigen wird. Um es auf den entscheidenden Punkt zu bringen: *Wir wollen den Zufall haben*, damit wir mithilfe der Wahrscheinlichkeiten unsere Schlüsse ziehen können.

Zweitens erlaubt die Wahrscheinlichkeitsrechnung nur dann unsere Schlüsse zu ziehen, wenn sehr viele gleichartige Ereignisse in die Betrachtung einfließen. Erst dann greift das von Jakob Bernoulli gefundene „Gesetz der großen Zahlen". Wenn man von einem Einzelereignis behauptet, es habe sich „zufällig" ereignet, darf man dies nur, wenn man dieses Einzelereignis *als eines unter unzählig vielen gleichartigen* in den Blick nimmt. Im Beispiel unseres Würfelspiels bedeutet das konkret: Es wäre aberwitzig, nur bei einem einzigen vorhandenen Kunden das Spiel durchführen zu wollen. Denn bei nur einem einzigen Wurf ist Bernoullis Versprechen, mit diesem Spiel stehe der sichere Gewinn ins Haus, Makulatur.

Drittens ist es allein dann erlaubt, von der „Zufälligkeit" von Ereignissen zu sprechen, wenn man persönlich vom Eintreten oder vom Ausbleiben des Ereignisses *nicht betroffen* ist. Im Beispiel unseres Würfelspiels bedeutet das konkret: Der Organisator des Spiels hat alles Recht der Welt, das Fallen des Würfels unter dem Aspekt des Zufalls zu sehen. Wie das einzelne Spiel ausgeht, ist ihm völlig egal. Denn er hat einerseits genügend Geld in der Hinterhand und bekommt andererseits von Bernoulli die Garantie, à la longue mit Sicherheit zu gewinnen. Für einen Spieler hingegen geziemt es sich nicht, vom „zufälligen" Fall des Würfels zu sprechen. Denn er ist am Ausgang jedes einzelnen Spiels, an dem er teilhat, interessiert. Er setzt bei jedem einzelnen Spiel viel Geld ein und hat damit den Anspruch auf die lakonische Gelassenheit des Spielorganisators verwirkt.

Ein unhaltbarer Standpunkt

Kehren wir zu Darwin zurück. Er beobachtet, dass Mutationen zufällig erfolgen. Dies besagt, dass Wahrscheinlichkeiten für bestimmte Veränderungen in der betrachteten Pflanzen- oder Tierart existieren. Man kann die Häufigkeiten dieser Veränderungen an großen Populationen messen und durch oftmaliges Überprüfen feststellen, ob diese Häufigkeiten stabil bleiben, somit den angenommenen Wahrscheinlichkeiten entsprechen. Es zeigt sich sogar, dass die Wahrscheinlichkeit des Auftretens einer bestimmten Mutation davon unabhängig ist, ob das jeweilige Umfeld für die damit einherschreitenden Veränderungen schädlich oder förderlich ist. Wir verstehen dies heute, weil entdeckt wurde, dass Mutationen durch zufällige Änderungen in der Abfolge der vier organischen Basen im DNS-Molekül zustande kommen. Diese Änderungen im atomaren Bereich gehen unabhängig von der davon weit entfernten Umwelt des Lebewesens vor sich. Umso mehr ist der Spürsinn Darwins, der davon noch nichts wusste, zu bewundern, wenn er Lamarcks Vorstellungen vom Einfluss der Umgebung auf die Entwicklung der Arten zugunsten seines radikalen Konzepts ablehnte, das allein auf den Zufall setzt. Lamarcks Bücher nannte er „veritable rubbish", puren Quatsch.

Es stimmt also, dass die Artenvielfalt in Flora und Fauna, der Mensch in der Fauna mit eingeschlossen, allein dem Zufall anheimgestellt ist. Allerdings nur in dem Sinn, dass man den Menschen als eine unter den unzählig vielen Arten von Lebewesen betrachtet, welche durch Mutation und Selektion gebildet werden kann. Wer den Menschen als Zufallsprodukt bezeichnet, nimmt die Position eines die ganze Natur von außen observierenden Beobachters ein. Und geht gleichzeitig von der Annahme aus, dass die gesamte Entwicklung der Arten, die sich hier auf Erden ereignete, nur eines von unzählig vielen Ereignissen ist, das sich eben auf dem Planeten, auf dem wir wohnen, „zufällig" so und nicht anders gestaltete.

Diese Position jedoch ist unhaltbar. Unsere eigene, nicht zu hintergehende Existenz als ein auf dieser Erde lebendes Wesen entzieht ihr den Boden.

Ein sich seiner Existenz bewusstes, ein „ich" sagendes Wesen hat das Wesen des Begriffs „Zufall" nicht verstanden, wenn es zugleich sein Dasein als „zufällig" bezeichnet. Es darf dies nicht, weil seine Existenz einmalig ist, der Begriff „Zufall" aber nur bei vielen gleichartigen Ereignissen zur Sprache kommen kann. Und es darf dies nicht, weil es seiner Existenz gegenüber verantwortlich ist, der Begriff „Zufall" aber nur dann verwendet werden kann, wenn ihm seine eigene Existenz gänzlich belanglos wäre. Ein Wesen aber, das von der Beiläufigkeit seiner Existenz überzeugt ist, weiß gar nicht, dass es überhaupt existiert.

Auf der Evolutionstheorie fußende Aussagen über die Welt sind von Wahrscheinlichkeiten geprägt. Der Zufall ist für ihr Zustandekommen ein notwendiges methodisches Prinzip. Die Existenz des Einzelnen hingegen läuft aller Anwendbarkeit der Wahrscheinlichkeitsrechnung in die Quere: wegen der Einmaligkeit, wegen der Unwiederholbarkeit, wegen der Unverwechselbarkeit des Einzelnen und wegen der Tatsache, dass man „nicht aus seiner Haut heraus" kann, man sich also selbst nicht abgeklärt gleichsam wie „von außen" beobachten kann. Daher spielt für die Existenz des Einzelnen der Zufall überhaupt keine Rolle. Die Bedeutung dieser Existenz wird von Aussagen der Evolutionstheorie nicht berührt.

Der Satz „Der Mensch ist die Krone der Schöpfung" mag falsch sein. Aber mit der Theorie Darwins ist es prinzipiell undenkbar, seine Ungültigkeit herzuleiten. Weil dieser Satz, der vielleicht auch wahr sein mag, auf den Menschen in der Fülle seiner Existenz und nicht auf den Menschen als Lebewesen unter vielen anderen zielt.

„Der Mensch stammt vom Affen ab." Dieses plakative Wort wurde anfangs als Abschreckung gegen Darwins Buch „The Descent of Man", in deutscher Übersetzung „Die Abstammung des Menschen", von denjenigen ins Treffen geführt, die das Buch mit Staunen, mit Ablehnung, mit Zorn in die Hand nahmen. Nach der Begründung der Evolutionstheorie war es für Darwin nur folgerichtig zu vermuten, die Evolution schlösse neben allen anderen Arten von Lebewesen auch den Menschen ein. Dies ist die Kernaussage des Buches, die im obigen Satz allzu drastisch formuliert ist. Eingeschränkt mag die Kernaussage zutreffen. „Eingeschränkt" deshalb, weil sie nur dann stimmen kann, wenn der Mensch als nichts anderes als ein biologisches Wesen unter vielen in den Blick genommen wird. Und wenn man sich denjenigen, der ihn in den Blick nimmt, gleichsam als außerirdisches Wesen denkt, das mit eiskalter Gleichgültigkeit, allein mit Wahrscheinlichkeiten argumentierend, über Menschen wie über Fliegen Daten sammelt und daraus Schlüsse zieht. Da jedoch diese Position rein fiktiv ist, entpuppt sich die Aussage, der Mensch sei ein Produkt des Zufalls, selbst wenn sie von der Evolutionstheorie gestützt wird, als im wahrsten Sinne des Wortes bedeutungslos.

„Der Affe stammt vom Menschen ab." Diese markante Gegenthese zum obigen Wort ist, obwohl aus der Perspektive der Biologie verwunderlich, dennoch uneingeschränkt gültig. „Uneingeschränkt" deshalb, weil die Existenz des Menschen unanfechtbare Voraussetzung für alle Wahrnehmungen und Schlüsse darstellt, die dieser Mensch zu tätigen vermag. Auch für die Wahrnehmungen der Fauna und Flora, die ihn umgibt oder von der er durch andere erfährt, darunter auch für die Wahrnehmung von Affen. Pointiert formuliert: Wie könnte der Affe existieren, wäre er nicht von diesem Menschen als Affe wahrgenommen?

Kann das alles Zufall sein?

Erinnern wir uns unseres einfachen Gewinnspiels mit einem Würfel, des Einsatzes der Spieler von 100 Euro und des möglichen Erlöses von 500 Euro beim Werfen der Augenzahl Sechs. Wir stellen uns vor, ein armes Waisenkind kommt zum Organisator des Spiels und bittet, einmal würfeln zu dürfen. 100 Euro hat es nicht, aber das Kind verpflichtet sich, stattdessen einen Monat lang umsonst für den Organisator zu arbeiten, falls es beim Werfen des Würfels nicht die Augenzahl Sechs ergattert. Nach langem Hin und Her willigt der Organisator des Spiels schließlich ein, das Kind wirft, und tatsächlich zeigt der Würfel die Augenzahl Sechs. 100 Euro gibt das Kind dem Organisator als verspäteten Einsatz, 400 Euro darf es sich als Gewinn behalten. Das Kind entscheidet, alle 400 Euro für weitere vier Spiele zu investieren. Vier Mal springt der Würfel aus seiner Hand in die Höhe, vier Mal fällt er und zeigt die Augenzahl Sechs, 2000 Euro hat nun das Kind gewonnen. Wieder entscheidet das Kind, alle 2000 Euro für weitere zwanzig Spiele zu investieren. Seine Glückssträhne bricht nicht ab, es gewinnt alle Spiele und kassiert nun insgesamt 10 000 Euro. Noch einmal entschließt sich das Waisenkind, das ganze Geld für weitere hundert Spiele zu setzen. Es ist, wie Erika Fuchs einst Gustav Gans mit einem wunderschönen Wort beschrieb, auch diesmal ein „Schoßkind des Glücks“: Bei allen hundert Würfen fällt der Würfel auf die Augenzahl Sechs. Das Kind schnappt sich die gewonnenen 50 000 Euro, geht seiner Wege und greift ab diesem Zeitpunkt nie mehr wieder einen Würfel an.

Natürlich ist das ein allzu schlichtes Märchen. Die Wahrscheinlichkeit, dass man 125 Mal hintereinander immer die Augenzahl Sechs wirft, ist aberwitzig klein: eine Zahl, die mit null Komma beginnt, und bei der nach dem Komma noch 97 Nullen folgen, bis endlich mit fünf die erste von null verschiedene Ziffer auftaucht. Aber exakt null ist diese Wahrscheinlichkeit nicht; sie ist größer als null. Das Märchen könnte sich ereignen.

Wir erzählten es deshalb, weil uns die Einstellung des Spielorganisators und die Einstellung des Kindes interessieren, nachdem dem Waisenkind dieses höchst unwahrscheinliche Glück widerfahren war.

Der Organisator des Spiels bleibt wie immer gelassen. So etwas kann eben passieren, die Wahrscheinlichkeit dafür ist zwar erbärmlich klein, aber positiv. Aus seiner Sicht hat das Kind zufällig so viel Geld gewonnen. Und er hat damit vollkommen recht.

Das Waisenkind jedoch darf nicht sagen, dass es zufällig reich geworden ist. Die 50 000 Euro, welche es praktisch ohne jeden Einsatz erhielt, sind ihm nicht vom Zufall, sondern vom Schicksal geschenkt worden und sie verändern schlagartig die Existenz des Kindes: von einem armen Waisenkind zu einem reichen jungen Menschen, der nun lernen muss, mit viel Geld zu leben.

Wir können das Märchen noch um eine Szene bereichern: Das Kind kommt nach einigen Monaten wieder zur Stätte des Würfelspiels zurück – nicht um zu spielen, das wird es nie mehr wieder tun, sondern nur um zu beobachten, wie das Spiel bei den vielen anderen Hasardeuren verläuft. Es sieht, dass einige wenige Glück haben, einmal spielen, gewinnen und sogleich mit dem Geld nach Hause eilen. Es sieht, dass viele Pech haben, entweder einmal spielen, verlieren und sofort die Spielstätte verlassen oder aber, noch schlimmer, immer wieder wie Süchtige den Würfel werfen wollen, nur allzu selten gewinnen, nur allzu oft den Einsatz verlieren und schließlich völlig verarmen. Wie eigenartig, denkt das Kind, dass ich damals ein so unwahrscheinliches Glück hatte.

Wenn wir die Welt um uns betrachten, befällt uns ein ähnliches Gefühl: Fast überall im Universum herrschen lebensfeindliche Zustände. Nur in sehr engen Regionen um Sterne bestimmter Größe liegt eine Temperatur vor, welche Leben zulässt. Und dies ist nur einer der unzählig vielen Aspekte, die zu berücksichtigen sind, um überhaupt einen Planeten vor sich zu haben, der Leben tragen könnte. Auch die Heranbildung höheren Lebens, ja sogar von Lebewesen, die Bewusstsein in sich tragen und mit staunenden Augen den Sternenhimmel bewundern, ist alles andere als wahrscheinlich. Kosmologen fanden heraus, dass die Naturkonstanten der Physik extrem fein darauf abgestimmt sind, die Bildung von komplizierten organischen Molekülen zu ermöglichen. Gleichsam als ob die Natur darauf zielte, Menschen in dieses Universum zu setzen. Woher kommt dies, fragen wir. So wie im Märchen das Kind sich fragt, woher sein Glück gekommen ist.

Wir wissen, dass es verfehlt wäre, diese sublime Frage damit zu beantworten, dass dies eben Zufall sei. Nicht deshalb, weil diese Antwort falsch wäre, sondern deshalb, weil diese Antwort bedeutungslos ist. Weil nicht abseits vom Weltall befindliche Beobachter des Universums, sondern wir es sind, die voll Staunen diese Frage stellen.

Mathematik und Klang

Was ist Schall?

In keiner der Künste wird so viel gezählt wie in der Musik. Schon bevor der erste Ton eines Streichquartetts erklingt, sieht man den Primgeiger „drei-vier“ beziehungsweise „zwei-drei“ wippen, je nachdem ob das Stück ohne Auftakt mit einem Vierer- oder mit einem Dreier-Takt beginnt.

Takte setzen sich aus Schlägen zusammen, die man zählt. Meist bis vier, oft auch nur bis drei. Die Wiener Philharmoniker spielen den Wiener Walzer so, dass sie „eins, zwei und vielleicht auch drei“ zählen, den dritten Schlag leicht verzögern, was beim Tanzen eine große Herausforderung bedeutet, beim Zuhören jedoch den unverwechselbaren Walzerklang genießen lässt. Es gibt auch Zweier-Takte, bei denen nur „eins-zwei“ gezählt wird, und Sechser-Takte, die ein Zählen von eins bis sechs verlangen. Dave Brubeck und sein Quartett hatten bisweilen eine Vorliebe für ungerade Taktarten, „Take Five“ mit seinem Fünfer- oder „Blue Rondo A La Turk“ mit einem Neuner-Takt sind Beispiele dafür. Von Leonard Bernstein gibt es eine witzig-sentimentale Walzerkomposition in einem Siebener-Takt; hier müssen die Musiker abwechselnd „eins-zwei-drei-vier“ und „eins-zwei-drei“ zählen.

Neben dem Rhythmus bestimmen Zahlen entscheidend auch die Harmonie. Die musikalischen Intervalle leiten ihre Namen ja von Zahlen her: die Prim steht für 1, die Sekund für 2, die Terz für 3, die Quart für 4, die Quint für 5, die Sext für 6, die Septim für 7 und die Oktav für 8. Aus mathematischer Sicht wird hier sehr eigenartig gezählt: Das Intervall bezeichnet die Anzahl der in ihm enthaltenen Tonstufen, wobei die Ausgangsstufe mitgezählt

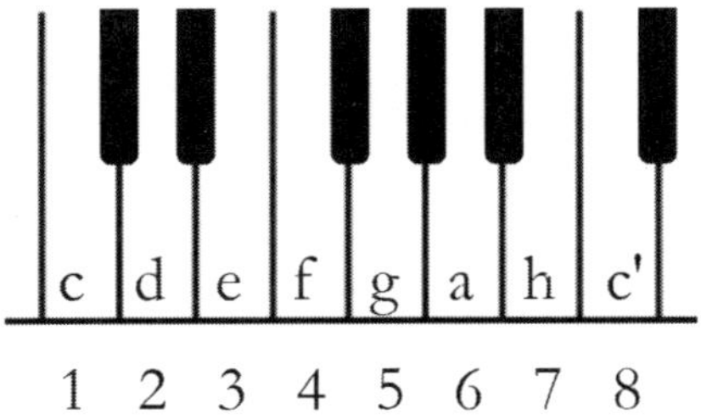

Abb. 29: Die weißen Tasten des Klaviers innerhalb einer Oktav von c zu c'. Wenn zusammen mit c ein zweiter Ton gespielt wird, ertönt ein Intervall, das den Zahlen von 1 bis 8 entsprechend Prim, Sekund, Terz, Quart, Quint, Sext, Septim oder Oktav heißt.

wird. Die Anzahl der Schritte, die man von der niedrigen zur hohen Tonstufe des jeweiligen Intervalls zurücklegt, ist daher um eins kleiner als die Zahl, für welche das Intervall steht. Wenn man zum Beispiel auf dem Klavier ein C als ersten Ton spielt und danach ein D, ist man eine weiße Taste weiter gegangen, hat aber die Sekund gespielt. Und die Terz C-E entsteht, wenn man von C aus zwei weiße Tasten weiter geht. Ebenso die Quint C-G, wenn man von C aus vier weiße Tasten weiter geht. Das ist ein wenig verwirrend, aber das Kurioseste dabei ist, dass weder die eine noch die andere der bisher genannten Zuordnungen von Zahlen zu Intervallen die eigentlich richtige ist. In Wahrheit sollte man die Zahl 1 der Prim zuordnen – das hatten wir schon –, hingegen die Zahl 2 der Oktav, die Zahl 3 der Quint und die Zahl 5 der Terz. Warum diese Zuordnung die beste ist, wollen wir im Folgenden erklären:

Töne entstehen durch Schwingungen. Bei einer Geige, einem Cello, einem Klavier schwingt eine an ihren Enden fest verankerte metallene, seidene oder aus Darm gezogene Saite. Bei einer Pauke schwingt ein auf einem kreisförmigen Rand eingespanntes ebenes Fell. Bei einer Flöte, einem Horn oder einer Orgel schwingt die vom hohlen Instrumentenkörper umschlossene Luftsäule. Jedenfalls erzeugen alle diese Schwingungen zugleich Schwingungen des sie umgebenden Luftraumes. In ihm entstehen periodisch schnell wechselnde Unterschiede des Luftdrucks. Diese Luftschwingungen pflanzen sich wellenförmig in den ganzen Konzertsaal fort und gelangen so an die Ohren des Publikums.

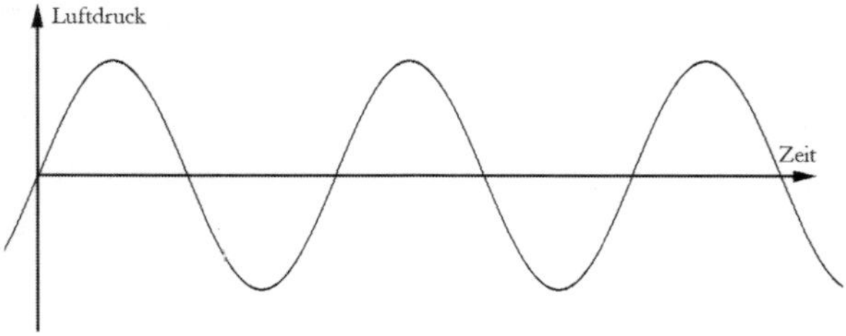

Abb. 30: Sinusschwingung des Luftdrucks im Verlauf der Zeit

Man veranschaulicht sich dies gerne mit dem Bild einer Sinuslinie. Das ist eine Linie, die um eine waagrechte Gerade auf- und abläuft. Zuerst wird sie von einem linken Punkt der Geraden weg schräg in die Höhe gezeichnet, verliert aber zusehends ihren Anstieg, bis sie zu ihrem höchsten Punkt gelangt, von dem aus sie sich wieder immer steiler zur waagrechten Geraden zurückbewegt. Dort angekommen wird diese Bewegung wiederholt, nun aber um die waagrechte Gerade gespiegelt nach unten. Kehrt sie zum Schluss wieder zur waagrechten Geraden zurück, hat die Sinuslinie, wie man sagt, eine Periode durchlaufen.

Selbst mit einem Mikroskop ausgerüstet, kann man eine derartige Sinuslinie beim Erklingen eines Tons natürlich nicht sehen. Sie steht nur symbolisch für den Wechsel des Luftdrucks an einer bestimmten Stelle des Raumes, zum Beispiel am Trommelfell im rechten Ohr einer Konzertbesucherin: Die Höhe der waagrechten Geraden symbolisiert den Normalluftdruck, der bei völliger Stille herrscht. Die Sinuslinie zeigt an, wie sehr sich im Lauf der Zeit – man stellt sich in der Zeichnung vor, dass die Zeit gleichsam auf der waagrechten Geraden, der Zeitachse, „von links nach rechts läuft“ – der Luftdruck am Trommelfell ändert: Zuerst steigt er an, dann kehrt er zum Normalwert zurück, dann sinkt er gleich tief, wie er vorher anstieg, dann kehrt er zum Normalwert zurück. Und danach wiederholt sich das Spiel von Neuem. Solange der Ton klingt.

Obwohl die Sinuslinie nur ein Symbol für den Ton darstellt, kann man aus ihr doch einiges herauslesen: Erstens teilt einem die Höhe beziehungsweise Tiefe der Sinuslinie, die sogenannte Amplitude, also ihre maximale Entfernung vom Normaldruck mit,

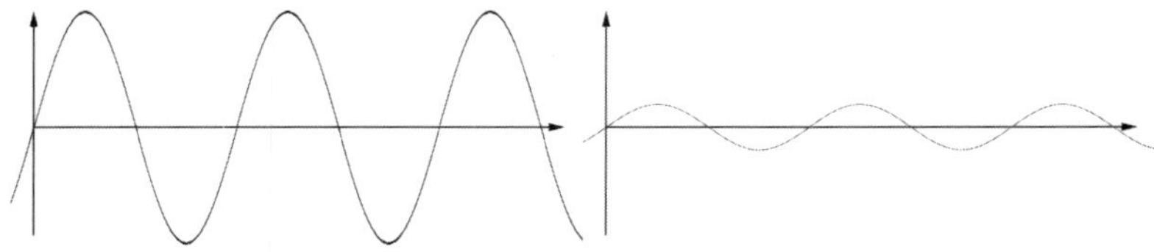

Abb. 31: Links: ein lauter Sinuston, rechts: ein leiser Sinuston

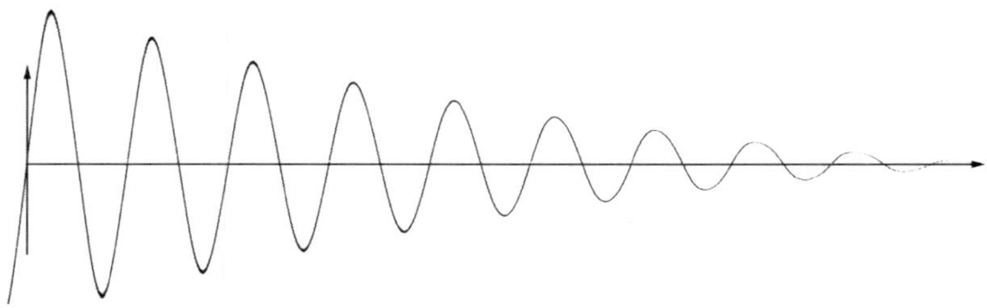

Abb. 32: Ein Sinuston verklingt mit der Zeit.

wie stark die Luftdruckänderungen sind. Hieraus kann man ablesen, mit welcher Lautstärke der Ton ins Ohr dringt. Wenn ein Ton leise verklingt, sieht man, dass sich entlang der waagrechten Zeitachse die Sinuslinie zwar periodisch wiederholt, ihre Periode auch gleich lang bleibt, nur die Amplituden von Wiederholung zu Wiederholung ständig kleiner werden, bis die Sinuslinie in die waagrechte Gerade verschwimmt.

Zweitens teilt einem die Länge der Periode der Sinuslinie mit, welche Höhe der Ton besitzt. Eine schmale Sinuslinie kennzeichnet einen hohen, eine lang gezogene Sinuslinie einen tiefen Ton. Denn je kürzer eine Periode ist, umso mehr Perioden schwingt die Sinuslinie in einer Sekunde, umso höher ist daher die sogenannte

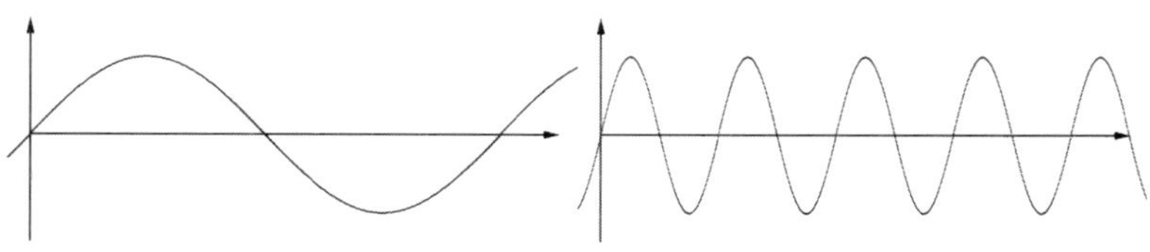

Abb. 33: Links: ein tiefer Sinuston, rechts: ein hoher Sinuston

Frequenz des Tons. Genauer nennt man die Zahl der Perioden, welche in einer Sekunde wiederholt werden, die in „Hertz" gemessene Frequenz (benannt nach Heinrich Hertz, einem deutschen Physiker des 19. Jahrhunderts). Wenn zum Beispiel die Periode der Sinuslinie 440 Mal in einer Sekunde wiederholt wird, hört man den auf 440 Hertz gestimmten Kammerton a'. Die doppelte Frequenz von 880 Hertz kennzeichnet den eine Oktave höher liegenden Ton a" und die halbe Frequenz von 220 Hertz den eine Oktave tiefer liegenden Ton a.

Saitenlängen und Obertöne

Die vierte Saite des Cellos, also jene mit dem höchsten Klang, ist auf den Ton a mit der Frequenz von 220 Hertz gestimmt. Wird sie vom Cellisten mit dem Druck seines Fingers auf das Griffbrett so verkürzt, dass nur mehr die Hälfte ihrer Länge schwingen kann, ertönt der Kammerton a', der eine Oktave höher liegt und die doppelte Frequenz von 440 Hertz besitzt. Bei Streichinstrumenten besteht nämlich ein indirektes Verhältnis zwischen der Länge der schwingenden Saite und der Frequenz des Tones, den sie erzeugt: Je kürzer die Länge der schwingenden Saite ist, umso höher ist die zugehörige Tonfrequenz, umso höher klingt der Ton.

Pythagoras von Samos (ca. 570 v. Chr.–510 n. Chr.)

Pythagoras, der als Erster Musik wissenschaftlich erforschte, kannte zwar die Sinuskurve noch nicht, wohl aber die Abhängigkeit der Tonhöhen von den Längen der schwingenden Saiten. Ein Monochord, also ein nur aus einer einzigen Saite bestehendes Instrument, erklingt in einem tiefen

Ton, dem Grundton, wenn die Saite unverkürzt schwingt. Verkürzt man die schwingende Saite auf die Hälfte ihrer ursprünglichen Länge, erklingt wie vorher beim Cello die Oktav. Verkürzt man die schwingende Saite aber auf zwei Drittel ihrer ursprünglichen Länge, erklingt ein konsonant dazupassender Ton, der zwischen dem Grundton und seiner Oktav liegt: die Quint des Grundtons. Und verkürzt man die schwingende Saite auf drei Viertel ihrer ursprünglichen Länge, hört man einen zwischen dem Grundton und seiner Quint klingenden Ton: die Quart des Grundtons. Pythagoras war überzeugt, dass es die Verhältnisse von Zahlen selbst sind, welche diese Harmonien erzeugen. Heute aber wissen wir, dass der Zusammenhang ein wenig verwickelter ist und am besten mithilfe der Sinuslinien erklärt werden kann.

Schon der französische Paulanermönch und Wissenschaftler Marin Mersenne hatte im 17. Jahrhundert richtungweisende Ideen dazu geäußert. Aber die endgültige Erklärung wurde schließlich vom deutschen Naturforscher und Physiologen Hermann von Helmholtz geliefert: Zu jedem Ton, der mit einer bestimmten Frequenz schwingt, die Helmholtz die Grundfrequenz nennt, gesellt er die sogenannten Obertöne. Es sind jene, die mit der doppelten Frequenz der Grundfrequenz, mit der dreifachen Frequenz der Grundfrequenz und so weiter, also mit einem ganzzahligen Vielfachen der Grundfrequenz schwingen. Wieder spielt uns hier die Sprache einen kleinen Streich bei der Nummerierung: Der erste Oberton besitzt die doppelte Grundfrequenz, der zweite Oberton die dreifache Grundfrequenz und so weiter. Die Nummer des Obertons und das Vielfache der Grundfrequenz, welche dieser besitzt, unterscheiden sich also

Hermann von Helmholtz (1821–1894)

immer um eins: Der elfte Oberton des Grundtons schwingt folglich mit dem Zwölffachen der Grundfrequenz. Es ist eine lächerliche Sprachhürde, aber wir haben sie immer im Kopf zu behalten, wenn wir von Obertönen sprechen.

Bis jetzt hatten wir bei der Sinuslinie nur von ihrem maximalen Ausschlag, der Amplitude, und von ihrer Ausdehnung auf der Zeitachse, der Periode, gesprochen. Noch nicht erwähnt haben wir die Form der Sinuslinie. Wir haben sie nur grob skizziert: Dass sie die erste Hälfte der Periode in die Höhe schwingt und zurückkehrt, dann die zweite Hälfte der Periode in die Tiefe schwingt und zurückkehrt. Wie aber ist das Heben und Senken gestaltet?

Bei einer mathematisch exakten Sinuslinie kann man sich den Vorgang dieses Hebens und Senkens so realisiert vorstellen: Wir betrachten die Spitze des Stundenzeigers einer großen Uhr. Beim Drehen des Zeigers läuft sie gleichmäßig eine Kreislinie entlang. Nun nehmen wir als Beobachter jene Position ein, in der wir gleichsam seitlich auf die Uhr blicken, also so, dass wir den Zeiger nicht das Ziffernblatt überstreichen sehen, sondern uns das Ziffernblatt der Uhr wie ein Strich erscheint. Jetzt wandert die Spitze des Zeigers vor unserem Auge andauernd hinauf und hinunter. Eben in dieser Weise, wie die Bewegung der Zeigerspitze von unserer seitlichen Position aus wahrgenommen wird, hebt und senkt sich auch die Sinuslinie.

Warum dürfen wir sicher sein, dass der Ton eines Musikinstruments Änderungen des Luftdrucks an unserem Ohr in genau derselben Form bewirkt, wie sie die mathematische Sinuslinie be-

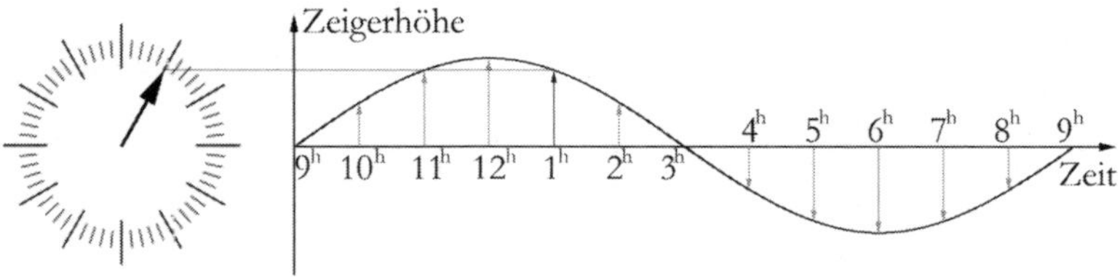

Abb. 34: Die Sinuskurve beschreibt die Höhe des Zeigers einer Uhr, wenn sich dieser gleichmäßig entlang des Ziffernblattes bewegt.

schreibt? Denn das eben beschriebene mechanische Modell hat ja überhaupt nichts mit Akustik zu tun. Und die Antwort lautet: Die Töne der Musikinstrumente sind in der Tat keine exakten mathematischen Sinuslinien. Sie sind viel komplizierter geformt.

Tonfarben

Helmholtz kam nämlich zu folgendem Schluss: Wenn der Cellist mit dem Bogen die vierte Saite des Cellos streicht, klingt nicht nur der Ton a, auf den diese Saite gestimmt ist, als Grundton, es erklingen zugleich auch der erste Oberton mit der doppelten Frequenz, der zweite Oberton mit der dreifachen Frequenz, der dritte Oberton mit der vierfachen Frequenz und so weiter. Also sowohl der Grundton a als auch alle seine Obertöne tragen zum Schwingungsbild bei, das unser Ohr als Schwingung der Cellosaite in der Frequenz von 220 Hertz hört. Dabei unterscheiden sich die Anteile der Amplituden der Obertöne zur Amplitude des Grundtons in diesem Gemisch von Instrument zu Instrument. Diese unterschiedlichen Anteile sind nämlich für die Tonfarbe verantwortlich, welche das jeweilige Instrument kennzeichnet. Selbst wenn man den Ton lang gezogen und mit konstanter Lautstärke vernimmt, kann man, sogar als musikalischer Laie, eine Geige von

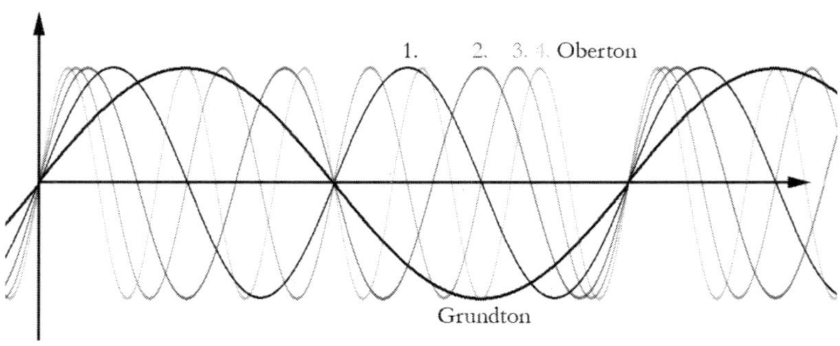

Abb. 35: Ein Sinuston als Grundton mit seinen ersten vier (gleich lauten) Obertönen

einer Trompete unterscheiden. Mit elektronischen Geräten gelingt es, die mathematische Sinusschwingung praktisch exakt akustisch nachzubilden: Sie klingt eigenartig nackt und leer. Selbst der näselnde Ton einer Oboe besitzt ein anheimelnderes Timbre. Und ebenso kann man elektronisch je nach Bedarf einen Grundton mit beliebig verschieden groß gewählten Anteilen seiner Obertöne mischen. Die schillerndsten Tonfarben lassen sich damit malen und, wenn auch nur unvollkommen, sogar die Klangfarben von Instrumenten imitieren. Von elektronischen Klavieren kennen wir dies: Man kann auf ihnen den klassischen Klavierklang, einen Streicherklang, einen Orgelklang, einen Bläserklang, gar einen Chorklang spielen. All das gelingt mit geschickter Zugabe der Obertöne zum Grundton.

Je nach Tonfarbe unterscheidet sich das Bild der Schwingung eines klingenden Musikinstruments in einer Periode von der reinen Sinusschwingung: Die Kurve kann Wölbungen in sich tragen und braucht nicht mehr so vollkommen symmetrisch zu sein, wie es die Sinuslinie ist. Es kommt allein darauf an, dass die Periode selbst und damit die Tonhöhe bei der Hinzufügung der Obertöne unverändert bleiben. Dies ist deshalb der Fall, weil die Perioden der Obertöne ganzzahlig in der Periode des Grundtons enthalten sind.

Die Obertöne, so schloss Helmholtz, sind die zum Grundton konsonanten Töne. Dies im wahrsten Sinne des Wortes, denn „konsonant“ bedeutet, wörtlich übertragen, „mitschwingend“. Wobei, so schloss er weiter, die Konsonanz umso ausgeprägter empfunden wird, je kleiner die Nummer des Obertons ist.

Spielt man auf einem tief gestimmten Klavier den Ton C mit 65 Hertz, erklingt als erster Oberton seine Oktav, das c mit $2 \times 65 = 130$ Hertz, als zweiter Oberton das g mit $3 \times 65 = 195$ Hertz, als dritter Oberton das c’ mit $4 \times 65 = 260$ Hertz, als vierter Oberton das e’ mit $5 \times 65 = 325$ Hertz, als fünfter Oberton das g’ mit $6 \times 65 = 390$ Hertz, als sechster Oberton jener mit $7 \times 65 = 455$ Hertz und als siebenter Oberton das c” mit $8 \times 65 = 520$ Hertz. Dass dieses Klavier tief gestimmt sein muss, erkennt man daran, dass

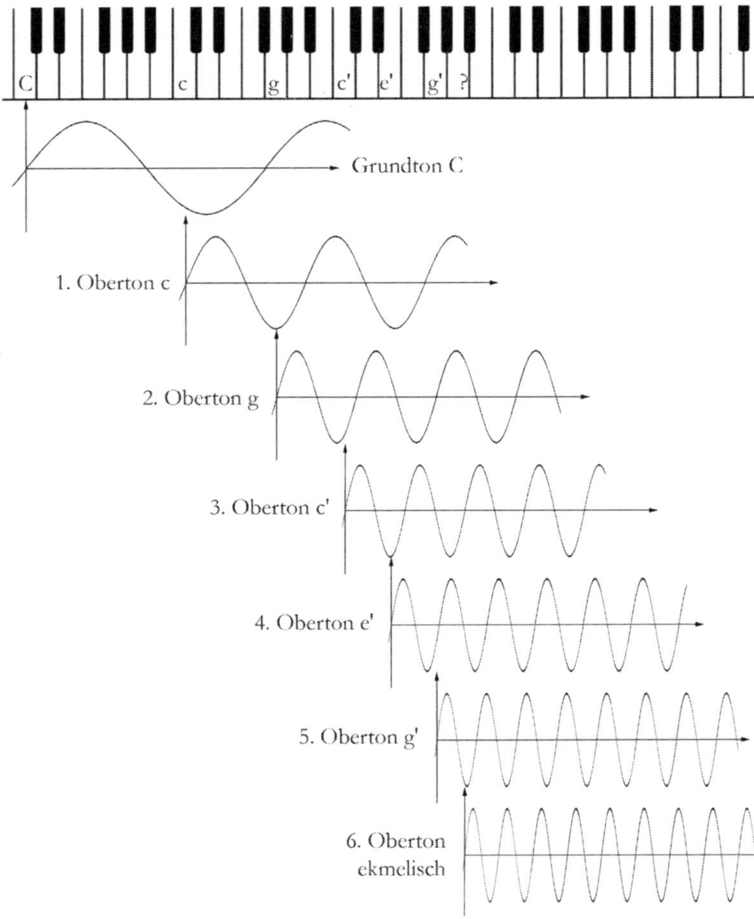

Abb. 36: Der Grundton C, als Sinuskurve dargestellt, und seine ersten sechs Obertöne. Bis auf den sechsten Oberton finden sich diese auf dem (auf den Grundton C rein gestimmten) Klavier.

der hier angegebene sechste Oberton mit 455 Hertz nur wenig höher klingt als der Kammerton a' mit 440 Hertz. Und um der Wahrheit die Ehre zu geben: Allzu tief ist dieses Klavier gar nicht gestimmt. Wenn der Ton C, wie angegeben, mit 65 Hertz erklingt, ist es so gestimmt, dass in ihm der Kammerton a' genau 438,75 Hertz hat. Und schlägt man die auf ihn folgende schwarze

Taste an, welche dem b' entspricht, erklingt ein Ton mit ein wenig mehr als 462 Hertz. Wo aber ist dann der dazwischen liegende ominöse sechste Oberton des C mit 455 Hertz geblieben?

Die Antwort lautet: Diesen kennt die Tastatur des Klaviers nicht. Er kommt auch nicht in den Noten der klassischen europäischen Musik vor. Es ist der erste von sogenannten ekmelischen Tönen – „ek melos" heißt übersetzt „außerhalb der Gesangslinie". Die nächsten auf den mit der 7-fachen Frequenz des Grundtons folgenden ekmelischen Obertöne sind der zehnte und der zwölfte Oberton, also jene mit der 11-fachen und der 13-fachen Frequenz des Grundtons. Anscheinend spielen die Primzahlen ab 7 in diesem Zusammenhang eine wichtige Rolle. Für unser Hören von Musik aber ist wichtig, dass wir von folgender Faustregel ausgehen dürfen: Unser von der klassischen europäischen Musik geprägtes Ohr ist vornehmlich für jene Konsonanzen empfänglich, die vom Grundton und seinen ersten fünf Obertönen gebildet werden.

Konsonanz

Jetzt verstehen wir, warum die Zahl 2 eigentlich der Oktav zugeordnet werden sollte: Lautet der Grundton C, ist seine Oktav der Ton c mit der doppelten Frequenz der Grundfrequenz. Der Ton g ist jener mit der dreifachen Frequenz der Grundfrequenz, er ist der zweite Oberton zum Grundton C, aber zugleich auch die Quint zum Ton c. Das ist der Grund, weshalb die Zahl 3 eigentlich der Quint zugehörig ist.

Wenn man ein wenig verwickelt denkt, kommt man zu dem Schluss, dass Quint und Quart zueinander in einer Art reziproken Beziehung stehen: Pythagoras hat die Quart erhalten, indem er drei Viertel der Länge der Monochordsaite schwingen ließ, nachdem er zuvor die ganze Saite hat tönen lassen. Wäre das Monochord auf den Grundton C gestimmt und würde er nur ein Viertel der Saite zur Schwingung bringen, hörte man den dritten Oberton von C, also den Ton c' mit der vierfachen Frequenz der Grundfrequenz. Von welchem Ton ist nun, so fragt ein fiktiver, von Helmholtz geschulter Pythagoras, dieses c' der *zweite* Oberton? Das muss jener sein, bei dem das *Drei*fache dieser Viertellänge auf der Monochordsaite schwingt, der folglich ein *Drittel* der Frequenz dieses c' als Frequenz besitzt. Dies ist jener Ton F, der zum Grundton C die Quart bildet.

Dieser Gedankengang mag zwar ein wenig verquer anmuten, was wir ihm aber entnehmen können, ist: Nicht nur der Quint, auch der Quart liegt die Zahl 3 zugrunde. Bei der Quint sieht man das direkt, bei ihr steht 3 gleichsam im Zähler, bei der Quart sieht man es nur „reziprok", bei ihr steht 3 gleichsam im Nenner.

Nicht gekannt hat Pythagoras die Terz als konsonantes Intervall. Die Terz konsonant zu hören, lehrte erst die europäische Musik ab der Renaissance, geprägt vom englischen Musiker, Astronomen und Mathematiker John Dunstable. Helmholtz zeigt, was sich dahinter verbirgt: Der vierte Oberton von C, also jener mit der fünffachen Frequenz, ist jener Ton e', der zugleich die große Terz zum Ton c' darstellt. Das ist der Grund, weshalb die Zahl 5 eigentlich der Terz zugehörig ist. (Und wie die Quart zur Quint reziprok ist, erweist sich auch die kleine Sext zur großen Terz reziprok. Auch die Sext ist ein konsonantes Intervall.)

Fouriers Summen

Kehren wir ein letztes Mal zur Form der Schwingungslinie zurück. Bei keinem der Instrumente ist sie eine mathematisch exakte Sinuslinie, sondern sie setzt sich aus den Sinuslinien des Grundtons und der mitschwingenden Obertöne zusammen. Der französische Physiker und Mathematiker Jean Baptiste Joseph Fourier überlegte, ob sich *jede beliebige* im Zeitintervall einer Periode darstellbare Kurve als Summe von Grundton und zugehörigen

Obertönen darstellen lässt. Er war schließlich überzeugt, dies sei der Fall. Speziell betrachtete er das extreme Beispiel einer Schwingung, die folgendermaßen geformt ist: Zu Beginn der Periode springt sie plötzlich vom Nullniveau auf das Niveau ihrer Amplitude und verharrt während der ersten Hälfte der Periode starr auf dieser Höhe. Zur Halbzeit, in der Mitte der Periode, fällt die Kurve schlagartig nach unten, genauso weit vom Nullniveau unten entfernt wie vorher oben, wo sie während der zweiten Hälfte der Periode verharrt. Am Ende der Periode springt die Kurve wieder auf das Nullniveau zurück, und das Spiel beginnt von vorne.

Jean Baptiste Joseph Fourier (1768–1830)

Das Buch, in dem Fourier diese eigenartige, an die Form eines Mäanders erinnernde Schwingungskurve betrachtete, trägt den Titel „Théorie analytique de la chaleur", also „Theorie der Wärme". Es wurde neben Isaac Newtons bahnbrechender „Naturphilosophie" zur Bibel der mathematischen Physik. Was aber hat die Wärme mit der Musik und den Tonfarben von Instrumenten zu schaffen?

Fourier betrachtete in seinem Buch über Wärmelehre das Beispiel eines metallenen Ringes, der zur einen Hälfte in eiskaltes Wasser getaucht ist und zur anderen Hälfte über die Wasseroberfläche hinausragt und der warmen Luft ausgesetzt ist. Wenn man sich den Ring auf der waagrechten Achse abgerollt denkt, entspricht die Verteilung der beiden Temperaturen, denen er ausgesetzt ist, genau dem oben beschriebenen mäanderförmigen Zickzack-Weg. Schon vor Helmholtz erkannte Fourier, dass man diese Zickzack-Verteilung der Temperatur erfassen kann, wenn man die Sinuslinie des entsprechenden Grundtons und die Sinuslinien

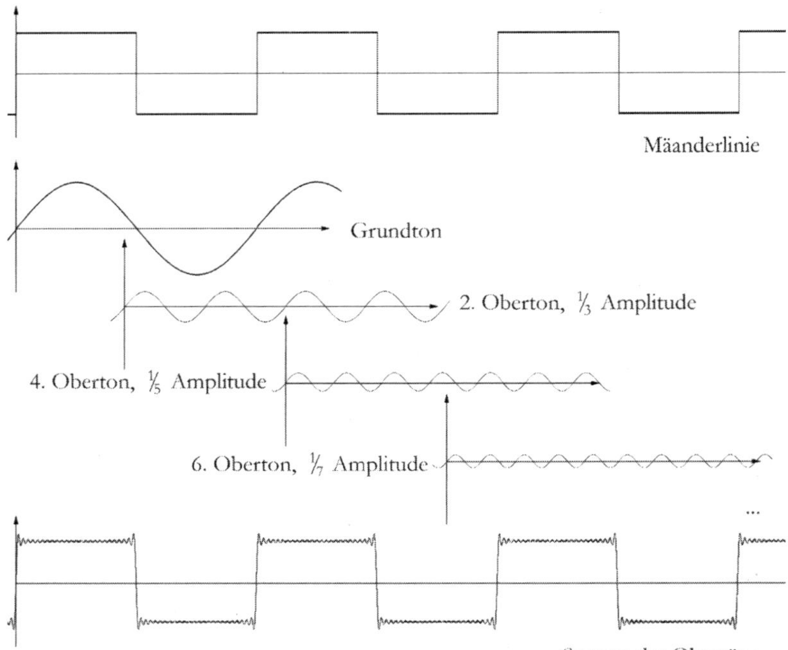

Abb. 37: Die oben dargestellte Mäanderkurve wird durch Addition eines Sinustones und seiner Obertöne fast erhalten, sieht man von Überschwingungen an den fast senkrechten Strecken, dem sogenannten Gibbsschen Phänomen, ab.

seiner Obertöne geschickt addiert. Er fand sogar heraus, wie: Zur Sinuslinie des Grundtons kommt, ein Drittel so hoch, die Sinuslinie des zweiten Obertons, dazu, ein Fünftel so hoch, die Sinuslinie des vierten Obertons, dazu, ein Siebentel so hoch, die Sinuslinie des sechsten Obertons. Und dies so weiter bis ins Unendliche.

Fourier entdeckte dies zu Beginn des 19. Jahrhunderts. Ein paar Jahrzehnte später fand der englische Mathematiker Henry Wilbraham, dass Fourier mit seiner unendlichen Summe zwar fast, aber doch nicht haargenau diese mäanderförmige Kurve nachzubilden vermag. An den Sprungstellen zu Beginn, in der Mitte und am Ende der Periode stellt sich bei den Fourierschen Summen ein eigenartiges Überschwingen, ein Übertreffen der

Amplitude des Mäanders heraus, das sich bei der Erhöhung der Zahl der Summanden, also bei der Hinzufügung von noch mehr Obertönen, zwar schmälern lässt, das jedoch nie zum Verschwinden gebracht werden kann. Wilbrahams Entdeckung wurde von seinen Zeitgenossen nicht beachtet. Es dauerte weitere Jahrzehnte, bis der amerikanische Physiker Josiah Willard Gibbs erneut auf dieses Phänomen des Überschwingens stieß. Noch heute wird es als „Gibbssches Phänomen" bezeichnet.

Als zu Beginn des 20. Jahrhunderts der deutsche Mathematiker Edmund Landau an einer englischen Universität über das Gibbssche Phänomen vortrug und dabei den Satz fallen ließ: „Dieses Phänomen wurde von dem englischen Mathematiker Dschibbs (so sprach er ihn aus) entdeckt", erfuhr sein Vortrag in der Universitätszeitung eine milde Kritik eines der Zuhörer:

„Mister Landau hielt einen wunderbaren Vortrag über das Gibbssche Phänomen. Nur in einem winzigen Punkt sind wir nicht völlig mit ihm einverstanden: Es handelte sich nicht um Mister Dschibbs, sondern um Mister Gibbs, von dem er sprach. Und Gibbs war kein Engländer, sondern er war Amerikaner. Und er war kein Mathematiker, sondern er war Physiker. Und übrigens: Er hatte das Phänomen gar nicht entdeckt."

Mathematik und der Fußball

Der Ball ist rund

Über Fußball lässt sich mathematisch einiges erzählen: Die Strategie einer Mannschaft richtet sich nach Fähigkeiten der gegnerischen Mannschaft und derem Spielverhalten in früheren Spielen – eine Fundgrube für die mathematische Spieltheorie. Die Physik des Fußballs erlaubt Rechnungen über den Impuls, den Stürmer beim Torschuss dem Ball verleihen können, über die optimalen Winkel, mit denen der Ball abgestoßen werden sollte. Die Eigendrehung des Balls während seines Fluges bewirkt zuweilen höchst komplex zu berechnende Flugkurven, welche in der Physik unter dem Namen „Magnus-Effekt“ bekannt sind und in der Fußballersprache als „Bananenflanken“ firmieren.

Selbst zahlensymbolische Erwägungen legt dieses Mannschaftsspiel nahe: Scheinbar wird es von der Zahl Elf beherrscht: Elf Spieler bilden eine Mannschaft und der Strafstoß nach einem Foul im Strafraum wird von einem Punkt abgestoßen, der sich elf Meter vor dem Tor befindet. Dabei ist, numerologisch betrachtet, elf keine bemerkenswerte Zahl. Eher ist sie eine mit einer schlechten Aura umgebene Zahl: Elf symbolisiert das Überschreiten von zehn und ist daher die Zahl der Sünde. Denn zehn ist die Zahl der biblischen Gebote. Wieso spielt gerade elf im Fußball eine so bestimmende Rolle? Doch eine eingehende Betrachtung legt nahe, dass es sich hierbei eher um Zufall als um eine symbolträchtige Entscheidung handelt: Einerseits sollte man von zehn Feldspielern und einem Tormann sprechen, welche die Mannschaft bilden. Zehn ist seit der Zeit der Pythagoreer und seitdem Moses die Gebote vom Berg Sinai verkündete, als Zahl in Verwendung, die eine abgeschlossene Gesamtheit symbolisiert. Und der Elfmeterpunkt ist in Wirklichkeit – Fußball stammt ja aus England – die zwölf Yards vom Tor entfernte Strafstoßmarke. Auch zwölf bietet sich seit alters her – man denke an die zwölf Monate, an die zwölf Söhne Jakobs, an die zwölf Apostel, an die „12 Angry Men“ in Sidney Lumets Film – als „ideale“ Zahl an. Wie man überhaupt die in Metern krummen Abmessungen des Fußballfeldes in Yards übersetzen sollte. In dieser Längeneinheit sind die Maßzahlen einfache ganzzahlige Größen. Selbst die Methoden von Fußballspielern, ihre Schuhbänder durch die Ösen zu ziehen, um einen möglichst guten und bequemen Halt im Schuh zu erhalten, können aus dem Blickwinkel der Knotentheorie, einer im 20. Jahrhundert entwickelten mathematischen Theorie, analysiert werden.

Am mathematisch interessantesten aber ist der eigentliche Held im Fußballspiel: der Ball. „Der Ball ist rund. Wäre er eckig, wäre er ja ein Würfel“, behauptete einst vollmundig Werner Lorant. Ganz genau stimmt das natürlich nicht. In Wahrheit ist der Ball nicht exakt rund, also keine präzise Kugel, aber ein Würfel darf er auch nicht genannt werden. Der Würfel ist ein von ebenen Flächen begrenzter Körper, ein sogenanntes Polyeder. Genau

Abb. 38: Wiener Buben, die auf einem freien Platz Fußball spielen. Im Zentrum des Interesses steht der Held des Spiels: der Ball. Wien, 1954.

genommen besitzt der Würfel sechs Flächen, zwölf Kanten und acht Ecken – wir beachten gleich, dass die Summe der Zahlen von Ecken und Flächen um die Zahl der Kanten vermindert zwei ergibt – und selbst wenn er aus einem biegsamen und verformbaren Material hergestellt wäre, würde er sich wegen der stets hervortretenden Ecken kaum in Kugelform verbiegen lassen.

Ein Maß dafür, wie weit der Würfel, oder allgemein: ein beliebiges Polyeder, noch von einer Kugel entfernt ist, kann man aus dem Vergleich der beiden Kugeln gewinnen, die entweder mit maximalem Volumen in das Polyeder passen, die sogenannte Inkugel, oder mit minimalem Volumen das Polyeder umfassen, die sogenannte Umkugel. Beim Würfel ist der Radius der Umkugel um satte 73,21 Prozent größer als jener der Inkugel. Schon deshalb eignet sich der Würfel denkbar schlecht als Fußballform.

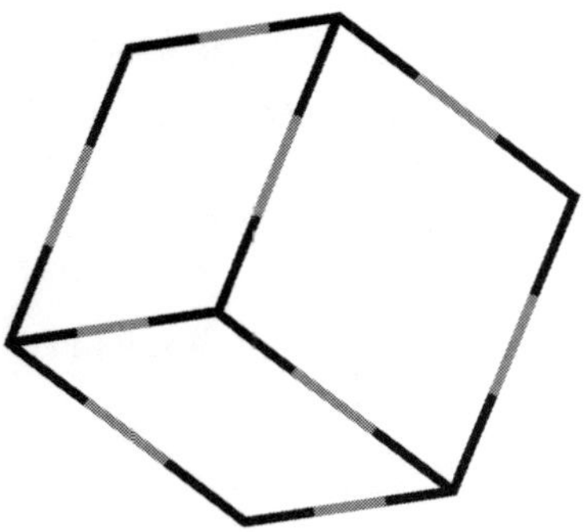

Abb. 39: Die Kanten eines Würfels werden gedrittelt. Das mittlere Drittel ist grau unterlegt.

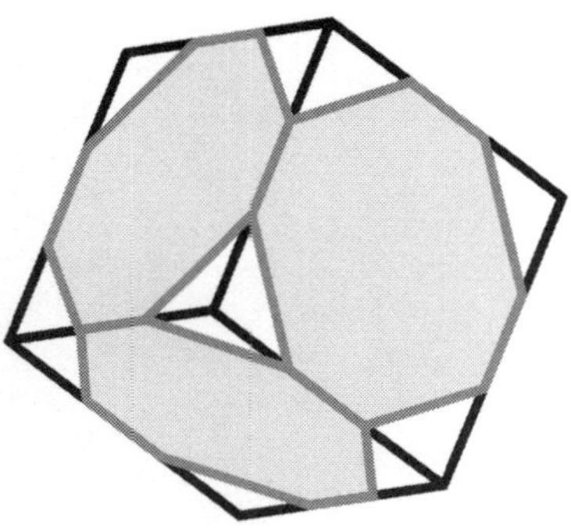

Abb. 40: An den Ecken des Würfels sind dreiseitige Pyramiden eingetragen.

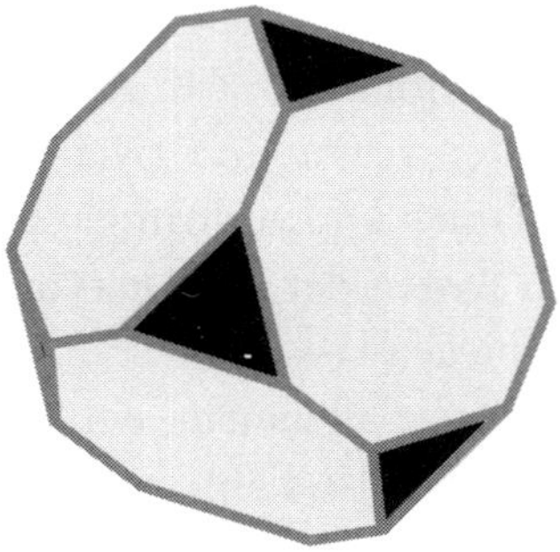

Abb. 41: Würfelstumpf

Doch mit einer sinnreichen Konstruktion könnte man doch aus dem Würfel ein schon an die Kugel erinnerndes Polyeder konstruieren: Man schneidet die Ecken einfach ab. Zu diesem Zweck teilt man jede Kante in drei gleiche Teile – in der Skizze sind die mittleren Teile grau gezeichnet – und deutet die von jeder Ecke ausgehenden drei Kantendrittel als Kanten einer dreiseitigen Pyramide. Schneidet man diese Pyramiden an ihren dreieckigen Grundflächen ab – in der Skizze sind diese grau unterlegt –, verbleibt ein Körper, der etwas unschön „Würfelstumpf" genannt wird. Einen Würfelstumpf findet man in Wien zum Beispiel bei der klassischen „Wiener Würfeluhr". Er passt sich schon besser der Kugel an: Seine Umkugel hat nur mehr einen um 45,30 Prozent größeren Radius als seine Inkugel.

Abb. 42: Wiener Würfeluhr

Pedanten können zu Recht anmerken, dass die Einteilung der Kanten in drei gleich lange Drittel willkürlich ist. Möglicherweise ergäbe sich bei einem etwas veränderten mittleren Drittel eine noch bessere Annäherung an die Kugel. Dies stimmt, aber der Gewinn geht doch zu Lasten der Ästhetik und ist keineswegs beträchtlich. In Wahrheit ist auch der Würfelstumpf als Kugelersatz für einen Fußball noch ungeeignet.

Trotzdem wollen wir auch bei ihm die Flächen, Kanten und Ecken zählen: Bei der Herstellung des Würfelstumpfs wird bei jeder einzelnen der acht Ecken diese eine Ecke weggeschnitten, dafür kommen drei neue Ecken hinzu. Folglich besitzt der Würfelstumpf 24 Ecken. Zu den bestehenden zwölf Kanten kommen bei jeder der abgeschnittenen Ecken je drei neue Kanten hinzu. Folglich besitzt der Würfelstumpf $12 + 3 \times 8 = 36$ Kanten. Und es kommt zu den bestehenden sechs Flächen bei jeder der abgeschnittenen Ecken je eine neue Fläche hinzu. Folglich besitzt der Würfelstumpf $6 + 1 \times 8 = 14$ Flächen. Wie beim Würfel ergibt auch beim Würfelstumpf die Summe der Zahlen von Ecken und Flächen um die Zahl der Kanten vermindert zwei.

Das Ikosaeder

In Wahrheit wird der klassische Fußball aus einem anderen Polyeder gewonnen. Um dessen Konstruktion verstehen zu können, müssen wir einerseits wieder von einem Würfel ausgehen, von dem wir aber im Gegensatz zu vorher nur das Drahtgeflecht seiner Kanten zeichnen. Andererseits brauchen wir als Hilfsfigur das regelmäßige Fünfeck, das man mithilfe eines langen Papierstreifens dadurch erzeugen kann, dass man diesen Papierstreifen sehr sorgfältig verknotet: Man nimmt den Streifen und führt die Enden so umeinander herum, wie man es bei einem normalen Knoten bei einem Seil oder, vor dem Binden der Masche, bei einem Schuhband machen würde. Doch es gilt, den Knoten nicht

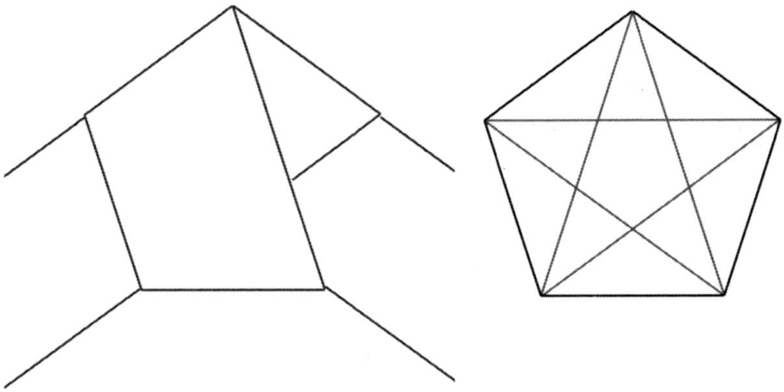

Abb. 43: Links: Erzeugung eines regelmäßigen Fünfecks mithilfe eines Papierstreifens, rechts: Das Verhältnis der Diagonalenlänge zur Seitenlänge des regelmäßigen Fünfecks ist der „Goldene Schnitt". Ein Rechteck mit der Diagonalenlänge des Fünfecks als Länge und mit der Seitenlänge des Fünfecks als Breite ist ein „Goldenes Rechteck".

brutal festzuziehen, sondern zunächst locker zu lassen. Damit das Fünfeck gelingt, muss man langsam und vorsichtig an den Enden des Streifens ziehen und das Papier dabei so lange vorsichtig zurechtrücken, bis die einzelnen Papierlagen eine Ebene bilden und sich die oberste Ecke des Fünfecks deutlich abzeichnet. Erst dann darf man gefühlvoll festziehen und den fünfeckigen Knoten glatt drücken.

Das so erhaltene Fünfeck ist regelmäßig: Es besitzt gleich lange Seiten und gleich große Winkel. Das Verhältnis der Länge der grauen Diagonale zur schwarzen Seite nennt man den „Goldenen Schnitt". Ein Rechteck, dessen Länge sich zur Breite wie im Goldenen Schnitt verhält, heißt ein „Goldenes Rechteck".

Nun baut man in den vorliegenden Würfel drei Goldene Rechtecke ein: Die längere Seite des Goldenen Rechtecks ist dabei immer so lang wie die Würfelkante, und die kürzere Seite des Goldenen Rechtecks befindet sich immer in der Mitte eines von den Kanten des Würfels gebildeten Quadrats, parallel zu einem Kantenpaar. Das erste in der Skizze eingetragene Goldene Rechteck reicht von der Grund- zur Deckfläche des Würfels, das zweite,

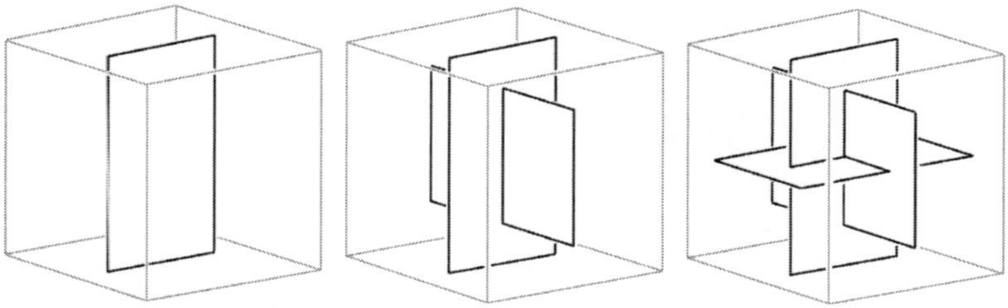

Abb. 44: In einen (durchsichtigen) Würfel werden der Reihe nach drei Goldene Rechtecke eingeschrieben.

senkrecht aufgestellt, von der rechten Vorderfläche zur linken Hinterfläche des Würfels und das dritte, waagrecht gelagert, von der linken Vorderfläche zur rechten Hinterfläche des Würfels.

Nachdem die drei Goldenen Rechtecke konstruiert worden sind, können wir den Würfel außer Acht lassen. Es bleibt die Figur der drei einander in rechten Winkeln schneidenden Rechtecke übrig, die wir nun räumlich korrekt in einer Skizze darstellen können. Diese drei Rechtecke besitzen je vier Ecken, sodass insgesamt zwölf Ecken symmetrisch im Raum verteilt sind.

Diese zwölf Ecken werden nun so durch schwarze Strecken miteinander verbunden, dass die Strecken von jeweils einer Ecke zu den fünf anderen benachbarten Ecken führen. Da einerseits von jeder der zwölf Ecken jeweils fünf Strecken ausgehen und andererseits jede Strecke genau zwei Ecken verbindet, hat man insgesamt die Hälfte von $12 \times 5 = 60$, also 30 Strecken zu kons-

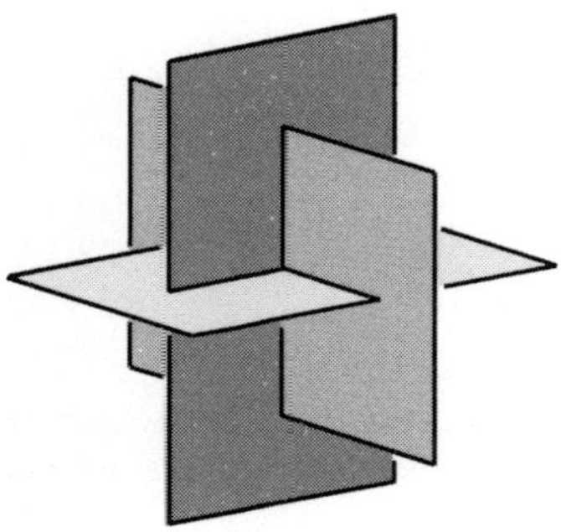

Abb. 45: Die drei im Würfel eingeschriebenen Goldenen Rechtecke bilden eine Figur, mit deren Hilfe ein Ikosaeder konstruiert wird.

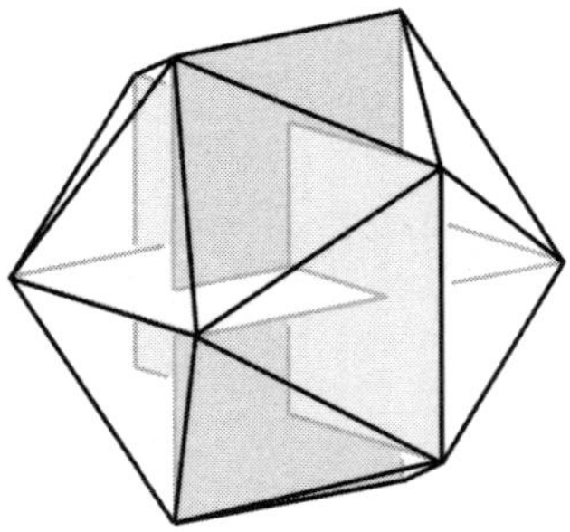

Abb. 46: Die Kanten des Ikosaeders verbinden die Ecken der drei im Würfel eingeschriebenen Goldenen Rechtecke.

truieren. Diese bilden die Kanten eines von 20 gleichseitigen Dreiecken begrenzten Körpers, der Ikosaeder, wörtlich übersetzt: Zwanzigflächner, heißt.

Auch beim Ikosaeder stellen wir fest: Die Summe der Zahlen von Ecken und Flächen um die Zahl der Kanten vermindert ergibt zwei.

Weitaus besser als der Würfel eignet sich das Ikosaeder als Annäherung an eine Kugel. Rechnet man nach, zeigt sich, dass der Radius der Umkugel des Ikosaeders um 25,84 Prozent größer als der Radius seiner Inkugel ist.

Die Fußballkonstruktion

Und es bietet sich an, dass man auch beim Ikosaeder wie zuvor schon beim Würfel eine noch bessere Annäherung an die Kugel erzielt, wenn man dessen zwölf Ecken abschneidet: Wieder teilt

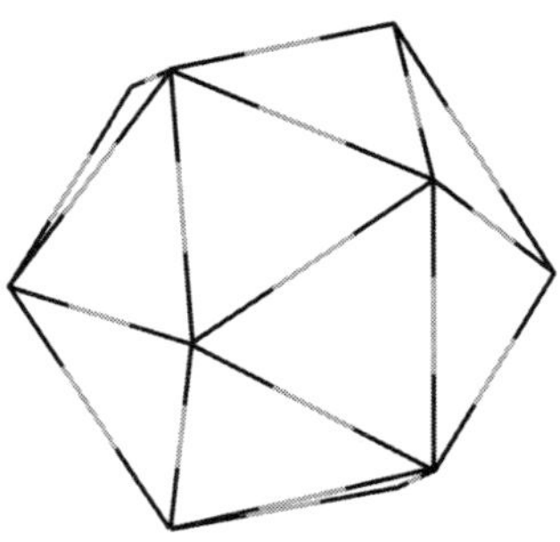

Abb. 47: Die Kanten eines Ikosaeders werden gedrittelt. Das mittlere Drittel ist grau unterlegt.

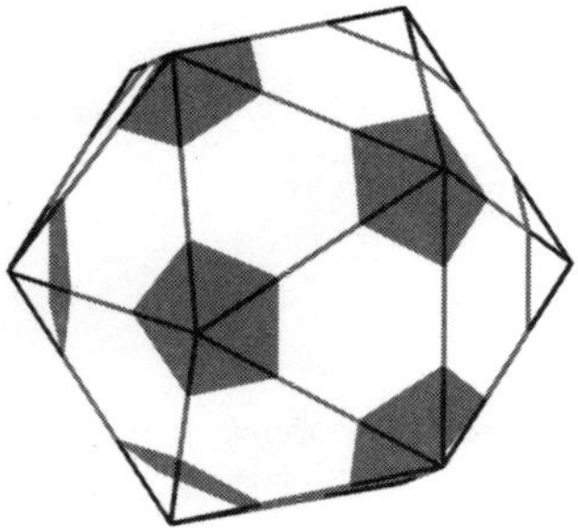

Abb. 48: An den Ecken des Ikosaeders sind fünfseitige Pyramiden eingetragen.

man jede Kante in drei gleiche Teile – in der Skizze sind die mittleren Teile grau gezeichnet – und deutet die von jeder Ecke ausgehenden fünf Kantendrittel als Kanten einer fünfseitigen Pyramide. Schneidet man diese Pyramiden an ihren fünfeckigen Grundflächen ab – in der Skizze sind diese grau unterlegt –, verbleibt ein Körper, der einen Ikosaederstumpf, aufgeblasen den klassischen Fußball, ergibt. Seine Umkugel ist um 9,29 Prozent größer als seine Inkugel. Werden die Flächen aus biegsamem Material hergestellt – seinerzeit war es Leder, nun sind es spezielle Kunststoffe –, entsteht nach dem Aufblasen des Ikosaederstumpfs eine hinreichend exakte Kugelform: Das Leder ist rund.

Bei der Herstellung des Ikosaederstumpfs wird bei jeder einzelnen der zwölf Ikosaederecken diese eine Ecke weggeschnitten, dafür kommen fünf neue Ecken hinzu. Folglich besitzt der Ikosaederstumpf $12 \times 5 = 60$ Ecken. Zu den bestehenden 30 Kanten kommen bei jeder der abgeschnittenen Ecken je fünf neue Kanten hinzu. Folglich besitzt der Ikosaederstumpf $30 + 5 \times 12 = 90$ Kanten. Und es kommt zu den bestehenden 20 Flächen bei jeder der abgeschnittenen Ecken je eine neue Fläche hinzu. Folglich besitzt der Ikosaederstumpf $20 + 1 \times 12 = 32$ Flächen.

Auch beim Ikosaederstumpf, also beim klassischen Fußball, stellen wir fest: Die Summe der Zahlen von Ecken und Flächen um die Zahl der Kanten vermindert ergibt zwei.

Das Prinzip der Konstruktion eines Fußballs kann man mittels eines Ausschneidebogens gut nachvollziehen: Die vorlie-

Abb. 49: Ikosaederstumpf; er ähnelt dem klassischen Fußball.

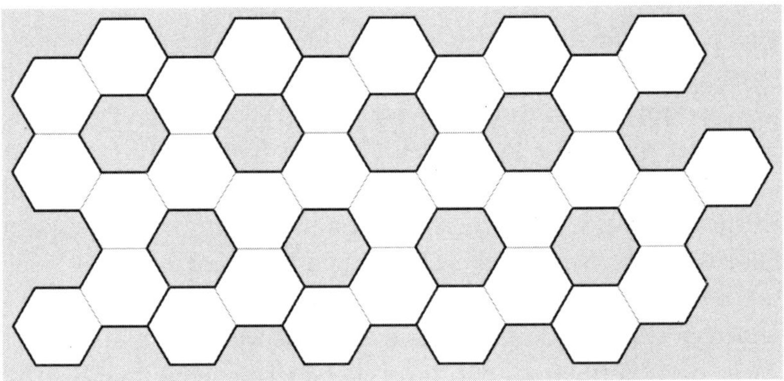

Abb. 50: Ausschneidebogen zur Konstruktion eines Fußballs

gende Vorlage sollte man geeignet vergrößert auf ein nicht allzu dünnes DIN-A3-Papier übertragen. Der Bogen soll entlang der schwarz gezeichneten Strecken sehr exakt ausgeschnitten werden. Die grau gezeichneten Linien dienen allein zur Orientierung. Man schneidet also nicht nur entlang des Umrisses, sondern es gibt auch eine Reihe von Schnitten vom Rand in die Mitte, bei denen einzelne Sechsecke herausfallen. Legt man die vollständig ausgeschnittene Vorlage auf grünen Filz, sieht man ein Wabenmuster mit einigen Sechsecklöchern.

Danach beginnt man mit dem Zusammenkleben. Um jedes Loch herum befinden sich sechs Sechsecke, die an einer Stelle durch einen Schnitt getrennt sind. Die beiden Sechsecke, die an den Schnitt angrenzen, werden passgenau und sehr sorgfältig zusammengeklebt. Auf diese Weise entsteht aus dem Loch ein regelmäßiges Fünfeck. Führt man diese Prozedur systematisch an allen Löchern durch, ergibt sich automatisch die Figur des Fußballs, und man wird wie von selbst dazu angeleitet, die restlichen Verbindungen zu kleben. Es ist aber stets darauf zu achten, dass immer nur fünfkantige Löcher übrig bleiben. Der Ikosaederstumpf, also das Polyeder, entsteht beim Basteln dann, wenn man den Bogen vorher entlang der schwarzen Strecken gefalzt hat. Hat man aber den Bogen ungefalzt gelassen, nähert sich die Figur wirklich sehr gut einem kugelförmigen Ball an.

Überall Fußball

Es spricht für die umgreifende Bedeutung des Fußballs, dass dieser so ästhetisch geformte Körper auch in der unbelebten Natur vorkommt: 1970 hatte der japanische Naturforscher Eiji Osawa in einer von der internationalen Fachwelt unbeachteten Zeitschrift die Idee geäußert, dass Kohlenstoffatome, aus denen sich die unüberblickbare Vielfalt der organischen Substanzen zusammensetzt, so flexibel sind, dass sich 60 von ihnen zu einem kugelförmigen Riesenmolekül vereinen könnten. 1985 entdeckten die Chemiker Harold Kroto, James R. Heath und andere, dass in der Natur tatsächlich ein derartiger mit der chemischen Formel C_{60} benannter Stoff existiert: Er besteht im wahrsten Sinne des Wortes aus miniaturisierten Fußballmolekülen. Die

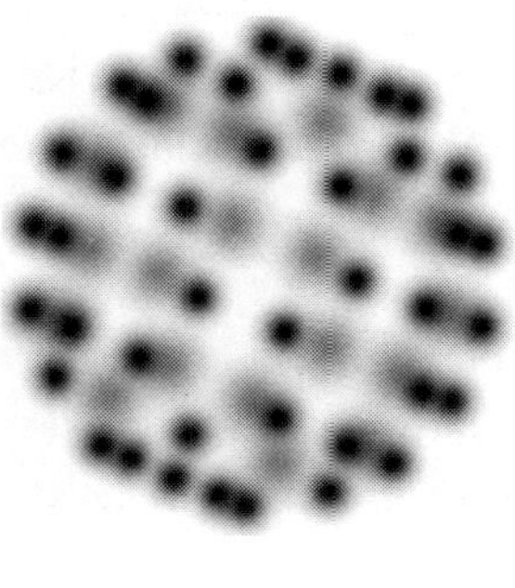

Abb. 51: 60 Kohlenstoffatome, wie die Ecken eines Ikosaederstumpfs angeordnet, bilden das Fulleren-Molekül C_{60}.

Chemiker nannten dieses Molekül, bei dem die 60 Kohlenstoffatome die Ecken eines Ikosaederstumpfs bilden und die Bindungskräfte der Atome zu ihren Nachbarn als Kanten des Ikosaederstumpfs dargestellt werden, ein „Fulleren“ (mit der Betonung auf der letzten Silbe). Der Name wurde deshalb so gewählt, weil der berühmte Architekt Richard Buckminster Fuller Kuppeln konzipierte, deren Konstruktionsprinzip sich ebenfalls an den Fußball anlehnt.

Kann man mit Fullerenen Fußball spielen? Physiker der Universität Wien, angeleitet von ihrem inspirierenden „Trainer“ Anton Zeilinger, taten dies. Sie schossen Fullerene gegen ein Tor, das in ihrem Fall der aus der Quantentheorie berühmt-berüchtigte Doppelspalt war, und fanden heraus, dass diese elektronenmikroskopisch kleinen Fußbälle gehorsam die Gesetze der Quantenmechanik befolgen. Zumindest in Quantendimensionen besitzt der österreichische Fußballsport ein „Wunderteam“.

Verzichtet man darauf, dass die Nähte zwischen den einzelnen Teilen des Fußballs geradlinige Kanten sind, kann man eine Reihe anderer Fußballkonstruktionen entwerfen, von denen einige in letzter Zeit in Mode gekommen sind. Die derzeit bekannteste heißt „Teamgeist“. Dieser Fußball besteht aus 14 von Kurven begrenzten Flächen, sogenannte „Panels“, von denen 6 die Form eines „Propellers“ haben und 8 als „Turbinen“ bezeichnete Dreizackgebilde darstellen. Der Ball kommt der Kugelform noch näher als der klassische Fußball. Aber selbst bei diesen und allen anderen Zusammensetzungen des Balls aus Flächen, deren Kanten mit Nähten zusammengehalten werden, die ihrerseits einander in Ecken

Leonhard Euler (1707–1783)

treffen, gilt der von Leonhard Euler entdeckte Polyedersatz: Die Summe der Zahlen von Ecken und Flächen um die Zahl der Kanten vermindert ergibt zwei.

Doch wie immer der Fußball konstruiert wird, stets lautet die Devise: „Beim Fußball geht es nicht um Leben und Tod, nicht einmal um Mathematik, es geht um viel mehr.“

Mathematik und Religion

Ein Exzentriker

„Cum Deus calculat et cogitationem exercet, fit mundus“, schreibt 1677 Leibniz als kleine Notiz an den Rand einer Buchseite: „Indem Gott rechnet und Gedanken wälzt, entsteht die Welt“, kann man dieses Zitat übersetzen. Aus ihm ersieht man, dass Leibniz nicht nur ein frommer Mann war, er glaubte sogar daran, dass Gott rechnet. Auch Carl Friedrich Gauß, der bedeutendste Mathematiker der Neuzeit und gläubiger Christ, empfand in der Schönheit der von ihm entdeckten zahlentheoretischen Gesetze ein Abbild der Vollkommenheit des von ihm verehrten Gottes. „Er arithmetisiert“, so drückte sich Gauß aus.

Auf der anderen Seite gibt es unter den bedeutenden mathematischen Geistesgrößen auch überzeugte Gottesleugner. Einer unter ihnen, der sich zeit seines Lebens weigerte, eine Kirche zu betreten, nicht einmal um die Kunstschätze im Innenraum bewundern zu können, auch nicht die Kapelle seiner Universität bei völlig unreligiösen akademischen Feiern, war der englische Gelehrte Godfrey Harold Hardy. Seine Eltern kamen aus dem Lehrberuf, sein Vater war zugleich Schatzmeister der Schule in Cranleigh. Sie förderten das Kind intellektuell, aber Hardys herausragendes mathematisches Talent blieb ihnen

Godfrey Harold Hardy (1877–1947)

zunächst verborgen. Sogar Hardy selbst, der zwar in der Schule seines Vaters immer als Bester brillierte, sich jedoch panisch vor der Abschlussfeier fürchtete, bei der er als Primus vorgeführt werden sollte, hielt seine herausragende mathematische Begabung für eine pure Selbstverständlichkeit. Er setzte sie nur dann gezielt ein, wenn er in Wettbewerben damit seine Mitschüler schlagen konnte – als kleine Rache dafür, dass diese ihm körperlich überlegen waren. Obwohl er seit eh und je ein passionierter Cricket-Fan war – Cricket war das Einzige, das ihn von der Mathematik weglocken konnte –, hat er die sportlichen Trainings im Winchester College, an dem er 1890 nach seiner Schulzeit studieren durfte, gehasst. Er war außerordentlich schüchtern und konnte nur kurz die Gesellschaft anderer Menschen ertragen. Fast niemand durfte ihn mit seinem Vornamen ansprechen, immer wollte er nur „Hardy" gerufen werden, allein den ganz wenigen engsten Freunden war es erlaubt, ihn „Harold" zu nennen. Photographen mied er wie die Pest; es gibt nur ganz wenige Bilder von ihm. Sogar sein eigenes Spiegelbild mochte er nicht sehen. In jedem Hotelzimmer, das ihm auf seinen späteren Reisen als berühmter Mathematiker zugeteilt wurde, verdeckte er zuallererst die an den Wänden aufgehängten Spiegel.

Dem entspricht auch die kritische Haltung, die Hardy seinen eigenen Leistungen gegenüber einnahm. Obwohl er im Trinity College, wo er seine erste Professur innehatte, von den Kollegen hoch geachtet wurde, schrieb er später über diese Zeit: „Ich veröffentlichte viel, aber Unbedeutendes. Es gibt nur vier, fünf Artikel, an die ich mich mit gewisser Genugtuung erinnere."

1911 lernte er John Edensor Littlewood kennen, mit dem er 35 Jahre hindurch kooperieren sollte, und bald danach begann die kurze, aber intensive Zusammenarbeit mit dem indischen Mathematiker Srinivasa Ramanujan. Hardy konzipierte mathematische Meisterwerke. Bei all seinen mathematischen Aktivitäten war er jedoch peinlich darauf bedacht, dass nichts, was er entdeckte, zu irgendwelchen Zwecken genützt werden kann. Alle

Anwendungen der Mathematik drohten in seinen Augen irgendwann von der Menschheit missbraucht zu werden und schließlich in Kriegen ihre grässlichsten Auswüchse zu finden. Darum wollte er die Mathematik nur um ihrer selbst willen betreiben.

Schon den Ersten Weltkrieg empfand Hardy als erschütternd. Auch deshalb, weil er die deutsche Wissenschaft und die Idee der von Humboldt errichteten Universität besonders schätzte, er in den Deutschen keine Feinde erblicken und das gegenseitige Hinschlachten nicht begreifen wollte. Auch während des Zweiten Weltkriegs verfiel Hardy in tiefe Depressionen und erholte sich danach nicht mehr davon. Überdies fühlte er, dass sein mathematisches Talent zu versiegen begann. Mit einer Überdosis Schlafmittel verübte er einen Suizidversuch. Obwohl man ihn retten konnte, dämmerte er danach nur mehr in seinem Bett dahin, getragen von stoischer Ruhe, nicht mehr gewillt, Hand an sich zu legen. Er war überzeugt, bald in ein endgültiges Nichts zu gleiten.

„Non fui. Fui. Non sum. Non curo“, steht auf dem römischen Grabstein eines antiken Stoikers geschrieben: „Ich war nicht. Ich war. Ich bin nicht mehr. Mich kümmert's nicht“, könnte man es ins Deutsche übertragen. Mit seiner glasklaren Logik hätte Hardy das „Non curo“, der letzte Satz dieses lakonischen Spruchs, hellhörig gemacht. Dieser Stoiker dachte folgewidrig. Denn wenn der Tod das vollkommene Vergehen, Verschwinden, Verfallen, buchstäblich: das Vernichten bedeutet, dann ist zwar jeder Kummer verflogen, aber es bleibt einem auch verweigert, sich nicht zu kümmern. Ein wenig paradox, aber Hardy konnte damit spielerisch umgehen.

In seinen guten Jahren zwischen den beiden Kriegen trieb Hardy seinen Spott mit einem Gott, den es seiner Überzeugung nach nicht gibt, den er aber doch zu hintergehen versuchte. Zwei Anekdoten unter vielen, die das belegen, seien hier erzählt:

In Mathematikerkreisen gilt die sogenannte Riemannsche Vermutung seit mehr als hundert Jahren als das größte aller mathematischen Rätsel. Das Buch „Die Musik der Primzahlen“ von

Marcus du Sautoy gibt über den Inhalt dieser Vermutung Auskunft, hier interessiert sie nicht im Detail. Es genügt zu wissen, dass die von Bernhard Riemann geäußerte Vermutung weitaus bedeutsamer ist als die viel ältere Fermatsche Vermutung, die in der Mitte des 17. Jahrhunderts der französische Hobbymathematiker Pierre de Fermat zu Papier brachte. Auch über diese Fermatsche Vermutung wurde ein sehr lesenswertes Buch geschrieben, „Fermats letzter Satz" von Simon Singh. Im Unterschied zur Riemannschen Vermutung, die noch immer der Lösung harrt, ist die Fermatsche Vermutung vom englischen Mathematiker Andrew Wiles zu Beginn der 1990er-Jahre endgültig bestätigt worden. Es zeigte sich, dass in der Lösung von Wiles ein unerhört tiefes mathematisches Gedankengebäude verborgen ist. Niemand nahm zuvor an, dass so viel hochkarätige Mathematik zur Bewältigung des von Fermat gestellten Problems erforderlich sei. Umso mehr ist die mathematische Welt darauf gespannt, mit welch tiefschürfenden mathematischen Erkenntnissen die Lösung der Riemannschen Vermutung, so sie jemand findet, einhergehen wird.

Berühmtheit erlangte die Fermatsche Vermutung dadurch, dass Fermat diese Vermutung nicht nur aufschrieb, sondern am Rand des Buches, in das er seine Aufzeichnungen kritzelte, noch die Worte hinzufügte, dass er, Fermat, schon wüsste, wie man seine Vermutung lösen könne. Der Rand sei aber zu klein, es sei zu wenig Platz für diese Erklärung vorhanden.

Auf diese Randnotiz Fermats nahm Hardy Bezug, als er einmal übers Meer von Dänemark nach England zurückreisen sollte. Hardy fürchtete bei dem sich abzeichnenden stürmischen Wetter die Gefahren der See. Also sandte er von Dänemark eine Korrespondenzkarte an seine Universität, auf der er die Mitteilung machte, er habe die Riemannsche Vermutung bewiesen. Der Platz der Karte sei aber zu klein, er könne den Beweis nicht darauf notieren. Auf diese Weise versicherte sich Hardy, dass sein Schiff glücklich in England landen werde. Denn Gott – den es Hardys Überzeugung nach nicht gibt und über den er sich ständig mokierte – werde ihn nicht untergehen lassen. Weil in diesem Fall Hardy noch berühmter als Fermat würde: Er wäre dann jener Mathematiker, dem als Erstem die Lösung der Riemannschen Vermutung gelang, aber der tragische Tod auf hoher See verhinderte, dass er seinen Beweis der Öffentlichkeit mitteilen konnte. Einen solchen Ruhm werde Gott – noch einmal: Hardy war überzeugt, diesen gäbe es nicht – dem Gotteslästerer Hardy niemals gönnen.

Wenn Hardy bei Cricketspielen zusehen wollte, nahm er gerne sein „Anti-Gott-Geschütz" mit. Es bestand aus dicken Strickjacken, einem Regenschirm, mathematischen Artikeln von Kollegen und schriftlichen Prüfungsarbeiten von Studenten. Damit ausgerüstet marschierte er in Richtung Tribüne. Sein Kalkül war: Wenn Gott ihn mit all diesen Dingen sieht, wird er vermuten, Hardy rechne mit schlechtem Wetter und nehme sich Arbeit mit, die man bei Regen erledigen kann. Da wird Gott ihn wohl ärgern wollen und die Sonne scheinen lassen. Und Hardy hat erreicht, was sein Ziel war: wunderbares Wetter bei einem Cricketspiel.

Jeder, der ihn kannte, wusste, dass Hardy zuweilen ein kindischer Exzentriker war.

Viel ernsthafter war die Leugnung Gottes, die lange vor Hardy von Pierre-Simon Laplace propagiert wurde. Um sie verstehen zu können, müssen wir ein wenig ausholen.

Der endliche Kosmos

Als die ersten Menschen die Welt als Ganzes staunend zu erfassen suchten, empfanden sie diese zwar riesig, aber endlich groß. Wir haben schon erörtert, dass zum Beispiel der griechische Kosmos aus einer Welt unterhalb der Mondsphäre besteht, in der sich die Elemente Feuer, Luft, Wasser und die Erde befinden, und aus einer Welt ab der Mondbahn, die nach den Bahnen der Planeten und der Sonne mit der Sphäre des Fixsternzeltes begrenzt ist. Der griechische Kosmos ist gewaltig, aber dennoch endlich. Und die Kreisbewegungen der Wandelsterne zeigen an, dass die Zeit einem zyklischen Verlauf ausgesetzt ist. Wenn einmal, in fernen Äonen, alle Himmelskörper wieder an der gleichen Stelle sind, wie sie einmal waren, beginnt der Weltenlauf von Neuem. „Nichts Neues ereignet sich unter der Sonne", war ein geflügeltes römisches Wort. Auch die Zeit ist endlich.

Es ist kennzeichnend für die Antike, dass die griechische Mathematik den Begriff des Unendlichen mied, ihn praktisch nicht kannte. Alle Zahlen bezeichnen nur endliche Größen, darin liegt sogar ihr Wesen. Oft meint man, in dem Satz des Euklid, wonach es unendlich viele Primzahlen gebe, leuchte doch im griechischen Denken der Unendlichkeitsbegriff auf. Aber das stimmt so nicht. Denn Euklid hatte diesen Satz nie so formuliert. Sondern er behauptete nur, dass eine endliche Liste, die lauter Primzahlen aufzählt, niemals vollständig sein kann. Und sein Beweis belegt eben diese Aussage: Liegt eine endliche Liste mit Primzahlen vor, so kann man alle Zahlen dieser Liste miteinander multiplizieren. Zu dem erhaltenen Produkt denkt sich Euklid 1 addiert. Dann ist die so gewonnene Zahl durch keine Primzahl aus der Liste teilbar, denn bei jeder Teilung bleibt 1 als Rest. Also muss diese Zahl durch eine andere Primzahl teilbar sein, die noch nicht in der Liste vorkommt, oder sie ist sogar selbst eine neue Primzahl.

Nirgendwo findet man in diesem Argument das Wort „unendlich".

Nun könnte man entgegnen, dass doch die Gesamtheit aller Primzahlen, oder überhaupt die Gesamtheit aller Zahlen unendlich sei und die griechischen Mathematiker dies erkannt haben müssten. Doch die Griechen konnten mit Begriffen wie „die Gesamtheit aller Primzahlen" oder „die Gesamtheit aller Zahlen" nichts anfangen. Eine Vorstellung derartiger Gesamtheiten war ihnen völlig fremd. Wohl akzeptierten sie, dass man mit dem Zählen nicht zu Ende kommt, dass auch eine Auflistung der Primzahlen ein niemals abzuschließendes Projekt darstellt. Aber, so betonte Aristoteles, damit ist nur die Möglichkeit von Prozessen beschrieben, die kein Ende kennen, nicht jedoch ihre Verwirklichung.

Was aber ist, so darf man fragen, mit der Unsterblichkeit der griechischen Götter? Dies ist ja praktisch die einzige Eigenschaft, die sie von den sterblichen Menschen unterscheidet, sonst teilen sie alles mit ihnen: Liebe und Hass, Freigiebigkeit und Neid, Herzlichkeit und Intrige. Doch trotz ihrer Unsterblichkeit sind wie die Sterblichen auch die Götter dem zyklischen Zeitenlauf unterworfen, und wie die Menschen sind auch die Unsterblichen im endlichen griechischen Kosmos gefangen. Wenn man an die ständige Eifersucht der Hera angesichts ihres keine Gelegenheit zum Techtelmechtel auslassenden Gatten denkt, wenn man sich die bittere Niedergeschlagenheit der Persephone, die im grauen Totenreich des Hades zu hausen verdammt ist, vor Augen führt, bedauert man eher die unsterblichen griechischen Götter, als dass man ihnen Ehrfurcht entgegenbringt. Mit dem Unendlichen selbst haben sie nichts gemein.

Auch die Götter Indiens sind der Endlichkeit, dem zyklischen Zeitenlauf, unterworfen: Die vier indischen Äonen umfassen 12 000 Götterjahre, wobei ein Götterjahr 360 Sonnenjahre dauert. Tausend Perioden dieser vier Äonen sind ein einziger Tag des Brahma, auf den eine ebenso lange Brahma-Nacht folgt. 360 Brahma-Tage und Brahma-Nächte bilden ein Brahma-Jahr. Aber nach hundert Brahma-Jahren endet auch Brahmas Leben. Danach wird alles ineinanderfließen und der Weltenzyklus wieder von vorne beginnen. Solch ein Weltenzyklus dauert zwar 311 040 000 000 000 Sonnenjahre, mehr als 20 000 Mal länger als nach moderner Ansicht unser Universum bisher alt ist, aber er ist trotz allem endlich.

Selbst Echnaton, der den von einer Unzahl von Gottheiten bewohnten ägyptischen Götterhimmel säuberte und nur den Gott Aton als den einzig wahren Gott anerkannte, ortete diesen Gott in der Leben spendenden Sonnenscheibe. Auch Aton ist innerhalb des Weltalls, in der Sonne sieht man sein Bild.

Das Unendliche bei Gott

Erst das in der jüdischen Religion formulierte Gebot, man dürfe sich von dem einen, dem einzigen Gott kein Bild machen, ja nicht einmal den Namen des Allerhöchsten aussprechen, ließ den Gedanken aufkommen, dass diesem unbeschreiblichen, nur mit Ehrfurcht zu nahenden Gott das Unendliche zu eigen ist. Herrscht doch der Allmächtige und Ewige souverän über das endliche Universum, über den endlichen Raum und über die endliche Zeit. Er ist, in irdischen Bildern nicht fassbar, jenseits aller Endlichkeit.

Während das Judentum mit eisernem Ernst am Bilderverbot festhält, nimmt das Christentum dieses Gebot nicht mehr wahr. Es gab zwar auch in der Kirche des Altertums und des frühen Mittelalters Perioden des Bildersturms, doch dies waren nur Episoden der langen Kirchengeschichte. Es gibt zwar kirchliche Glaubensgemeinschaften wie zum Beispiel die helvetische Kirche, die sich an dieses Gebot wieder halten wollen, aber diese prägen nicht entscheidend die christliche Philosophie. Die Kirche glaubt sich berechtigt, über Gott in Bildern nicht nur zu sprechen, sondern ihn sogar in Bildern darstellen zu dürfen, weil die Menschwerdung Gottes in der Gestalt des Erlösers, dessen Herrlichkeit, wie der Evangelist Johannes schrieb, man sah, ihre zentrale Botschaft ist.

So kam es, dass spätestens in der Scholastik auch das Unendliche als Eigenschaft Gottes bildhaft darzustellen versucht wurde. Jedenfalls konnte man darüber trefflich philosophieren. „Wie viele Engel haben auf der Spitze einer Nadel Platz?“ war eine der bizarr klingenden Fragen, welche die gebildeten mittelalterlichen Mönche erörterten. So wurde es jedenfalls in späterer Zeit behauptet, Belege dafür kennen wir nicht. Es gab auf diese Frage mehrere Möglichkeiten zu antworten und dies auch zu begründen:

„Überhaupt kein Engel. Denn Engel sind Geisteswesen und haben mit der Materie einer Nadel nichts zu schaffen.“

„Ein einziger Engel. Denn die Spitze einer Nadel endet in einem Punkt, und für diesen einen Punkt ist auch nur für einen Engel Platz."

„Unendlich viele Engel. Denn zu jedem Engel gibt es einen halb so großen Engel. Wenn daher, wie in der vorigen Antwort, ein Engel auf die Spitze einer Nadel passt, dann stellt Gott statt seiner den halb so großen Engel darauf, daneben den um die Hälfte kleineren als den vorigen, daneben wieder den um die Hälfte kleineren und dies so weiter bis ins Unendliche."

In dieser letzten Antwort ist die Erkenntnis verwoben, dass die unendliche Summe der Bruchzahlen $^1/_2$, $^1/_4$, $^1/_8$, $^1/_{16}$ ... (jeder folgende Bruch ist halb so klein wie der vorherige) insgesamt 1 ergibt. Der im 14. Jahrhundert lebende Mönch und Bischof Nicole Oresme hat dies sicher bereits gewusst, denn er behauptete, dass im Gegensatz dazu die unendliche Summe aller Bruchzahlen $^1/_2$, $^1/_3$, $^1/_4$, $^1/_5$, $^1/_6$, $^1/_7$, $^1/_8$, $^1/_9$ ... über alle Grenzen wächst. Er argumentierte so: Der erste dieser Brüche ist $^1/_2$. Die nächsten beiden Brüche $^1/_3$ und $^1/_4$ ergeben addiert sicher mehr als $^2/_4$, also mehr als $^1/_2$. Die nächsten vier Brüche $^1/_5$, $^1/_6$, $^1/_7$ und $^1/_8$ ergeben addiert sicher mehr als $^4/_8$, also auch mehr als $^1/_2$. Genauso ergeben die nächsten acht Brüche addiert mehr als $^8/_{16}$, ebenfalls mehr als $^1/_2$. Unendlich oft muss man daher mehr als $^1/_2$ addie-

Abb. 52: Jeder nachfolgende Engel nimmt nur halb so viel Platz ein wie sein Vorgänger. Auf diese Weise finden unendlich viele Engel auf einer Plattform Platz, die bloß doppelt so groß ist wie der Platz, den der erste Engel beansprucht.

Abb. 53: Der zweite Engel ist halb so groß wie der erste, der dritte ein Drittel so groß wie der erste, der vierte ein Viertel so groß wie der erste, und so weiter. Auf diese Weise unendlich viele Engel auf einer Plattform aneinanderzureihen, benötigt eine Plattform unendlich großer Länge.

ren. Folglich muss die Summe all dieser Brüche ins Unendliche führen.

Anschaulich gesprochen: Wenn die Engel Gottes aneinandergereiht werden, der zweite halb so groß wie der erste, der dritte halb so groß wie der zweite, der vierte halb so groß wie der dritte, und das immer so weiter, dann wird die Reihe dieser Engel, obwohl es unendlich viele sind, nur den doppelten Platz beanspruchen, den der erste Engel einnimmt. Wenn hingegen die Engel Gottes aneinandergereiht werden, der zweite halb so groß wie der erste, der dritte ein Drittel so groß wie der erste, der vierte ein Viertel so groß wie der erste, und das immer so weiter, dann wird die Reihe dieser Engel, obwohl jeder von ihnen kleiner ist als der vor ihm stehende, bis ins Unendliche reichen.

Nicht die Antworten selbst, so skurril sie klingen, interessieren hier. Erstaunlich ist an ihnen die Unverfrorenheit der Mönche, mit der sie über „unendlich“ genauso sprechen wie über die Zahlen Null und Eins. In der antiken griechischen Philosophie wäre so etwas völlig undenkbar.

Das Unendliche auf Erden

Der nächste entscheidende Schritt wurde von den bildenden Künstlern vollzogen. Denn ihnen gelang es, das wirklich ins Bild zu fassen, worüber in der Scholastik als eine der Eigenschaften Gottes nur diskutiert wurde: das Unendliche.

Filippo Brunelleschi erfand die Perspektive, eine raffinierte Methode, Objekte des dreidimensionalen Raumes auf einer zweidimensionalen Ebene so abzubilden, dass ein räumlicher Eindruck entsteht. Grundlegend dafür war seine Erkenntnis, dass parallele Geraden, die sich in der Tiefe des Raumes verlieren, von unserem Auge als von einem Punkt ausgehende Strahlen wahrgenommen werden. Brunelleschi entdeckte den Fluchtpunkt. Das Verfahren mag schon in der Antike bekannt gewesen sein. In Pompeji wurden Wandfresken gefunden, die als Scheinarchitektur den Raum in einen gemalten Garten fortsetzen sollten. Aber dies dürften die antiken Künstler bloß als eine geschickte Methode betrachtet haben, ohne sich über ihre hintergründige Bedeutung Klarheit zu verschaffen. In der Renaissance jedoch, mit dem Wissen, dass parallele Geraden einander nie im Endlichen schneiden, wurde das Unendliche, über das Mönche esoterisch grübelten, plötzlich mit der Entdeckung des Fluchtpunktes zu einer anschaulichen Tatsache. Das Unendliche ist der Manipulation mit Zirkel und Lineal verfügbar.

Leonardo war sich des tiefen gedanklichen Gehalts der Erfindung Brunelleschis sehr wohl bewusst. In seinem Secco des Letzten Abendmahls in der Mailänder Kirche Santa Maria delle Grazie, das Jesus mit den zwölf Aposteln unmittelbar nach dem Augenblick zeigt, als Jesus den Jüngern sagte: „Einer von euch wird mich verraten“, wird fulminant die Tiefe des Raumes mit den Mitteln der Perspektive erfasst. Setzt man alle parallelen Kanten gedanklich fort – jene, welche die Decke mit den Wänden bildet, jene, welche der Fußboden mit den Wänden bildet, wie auch die von den Kassetten der Decke geformten und sich nach hinten

Abb. 54: Setzt man in Leonardos Gemälde vom Letzten Abendmahl alle parallelen Kanten gedanklich fort – jene, welche die Decke mit den Wänden bildet, jene, welche der Fußboden mit den Wänden bildet, wie auch die von den Kassetten der Decke geformten und sich nach hinten verlierenden Linien –, schneiden einander alle diese Parallelen perspektivisch in einem Punkt zwischen den Augen Christi. Dort, im menschgewordenen Gott, findet sich das Unendliche.

verlierenden Linien –, schneiden einander alle diese Parallelen perspektivisch in einem Punkt zwischen den Augen Christi. Dort, im menschgewordenen Gott, findet sich das Unendliche.

Mit der Erfindung der Perspektive ist das Unendliche nicht mehr jenseits des Universums bei Gott, sondern im Universum, in unserer Welt verankert. Nur aufgrund dieser Idee konnte Giordano Bruno den Gedanken formulieren, das Weltall sei unendlich groß, existiere seit ewigen Zeiten und werde auch unendlich lange weiter existieren. Selbstverständlich musste die Kirche all das als Ketzerei brandmarken. Denn bei einem unendlich großen Weltall bliebe kein Platz mehr für Gott, den man sich außerhalb dieses Alls dachte, und bei einem ewigen Weltall wäre Gott der Zeitpunkt, als er aus dem Nichts die Welt geschaffen hatte, abhandengekommen. Doch im Grunde hat die Kirche selbst den Weg dafür geebnet, dass Brunos Vorstellungen um sich greifen konnten, hatte sie doch mit der bildhaften Darstellung Gottes den ersten Anstoß dazu gegeben. Auch wenn sie Bruno, der zweifelsohne

Phantast und Schwärmer war, auf dem Scheiterhaufen verbrennen ließ, diesen Impuls konnte sie nicht mehr ungeschehen machen.

Eine andere Erfindung, die in kirchlichen Kreisen getätigt wurde, war es, die der Kirche und dem Glauben an den souverän über das All herrschenden Gott weiteren Schaden zufügte: die der mechanischen Uhr.

Im 13. Jahrhundert wurden in französischen Klöstern Uhren hergestellt, die mit Zahnrädern funktionierten und so, unabhängig vom Wetter und den Nachtzeiten, den Mönchen sehr genau die Stunden ihrer regelmäßig zu haltenden Gebete anzeigten. Sonnenuhren sind, besonders in Frankreich, wo das Wetter oft launisch ist, dafür unbrauchbar und in der Nacht überhaupt außer Funktion, und die früher als Ersatz verwendeten Wasser- und Sanduhren waren entweder notorisch ungenau oder mussten sorgfältig gewartet werden.

Die Entzauberung des Himmels

Ursprünglich glaubte man, die Zeit sei ein Phänomen, das jenseits des irdischen Bereichs in den Sphären von Mond, Sonne, den Planeten und den Fixsternen angesiedelt ist. Denn hier auf Erden kann man sie nicht sinnlich wahrnehmen: Man findet die Zeit nicht im Wald oder auf der Heide, sie versteckt sich nicht hinter einer Tür oder unter einem Tisch, man sieht sie nicht, man hört sie nicht, man riecht sie nicht, sie lässt sich nicht mit den Händen greifen. Aber irgendwo muss sie doch existieren. Da war es am einfachsten, sie in der Welt jenseits der Mondsphäre anzusiedeln. Das schien sich zu bewähren: Denn die Sonne bestimmt den Wandel zwischen Tag und Nacht, sie sorgt auch mit ihrer Bahn entlang der zum Äquator schiefen Ekliptik für die Jahreszeiten, der Mond prägt mit seinen vier Phasen die Wochen und die Monate, und die ägyptische Zeitrechnung bezog sich überdies auf einen hellen Stern des Fixsternhimmels:

Der Aufgang des Sirius kündigt die nächste Überschwemmung des Landes durch den Nil an.

Nun aber bewegen sich in den französischen Klöstern die Zahnräder der Uhren genauso wie die Wandelsterne des Himmels. Zum ersten Mal könnte hier der Gedanke aufgetaucht sein, dass umgekehrt das ganze Universum nichts anderes wäre als eine gigantische Uhr.

Sicher erwägt man dies, wenn man die astronomische Uhr des Münsters in Strasbourg bewundert: Schon im 14. Jahrhundert wurde ein Prototyp konstruiert und seither laufend verbessert und verfeinert. Zwischen 1838 und 1843 konstruierte Jean-Baptiste Schwilgué das noch heute laufende Uhrwerk, das in der Welt einmalig ist: Die Uhr zeigt neben den Stunden, Minuten, Sekunden und den Tagen des Jahres die Bahnen aller mit dem freien Auge sichtbaren Wandelsterne. In der Silvesternacht läuft ein Räderwerk ab, das den Ostertermin des nächsten Jahres errechnet. Das langsamste Zahnrad, welches sich in der Uhr bewegt, ahmt die Taumelbewegung der Erdachse nach, die für den Wechsel der Polarsterne am Himmel sorgt. Erst nach 25 800 Jahren hat sich dieses Zahnrad einmal um seine Achse gedreht.

Darum verstehen wir auch, dass manche seiner Zeitgenossen Sir Isaac Newton als jenen verehrten, der Gott einfach nur den Uhrmacher des Weltalls sein ließ. Gott war seit Newton nicht mehr der „unbewegte Beweger", als den ihn noch Thomas von Aquin bezeichnete, sondern nur mehr einer, der sein Werk einst schuf und danach, wie vom Ohrensessel aus, das Funktionieren unbeteiligt betrachtete. Vor Newton glaubten die Menschen, die Wandelsterne werden am Himmel bewegt, weil die Engel Gottes sie mit ihren Flügeln vorantreiben. Nach Newton wusste man: Es ist ein mathematisches Gesetz, dem alle Bewegungen der Himmelskörper unterworfen sind, sogar jene der Kometen, die man zuvor noch als Störenfriede im sonst gleichbleibenden Rhythmus des Alls betrachtete. Nur ab und zu, so behauptete Newton, müsse der allmächtige Gott ins Himmelsgeschehen eingreifen und für die Stabilität der Planetenbahnen sorgen. Leibniz, der Newton alles andere als wohlgesonnen war, lästerte darüber: „Nach Newtons Ansicht muss Gott von Zeit zu Zeit seine Uhr aufziehen – sonst bliebe sie stehen. Er hat nicht genügend Einsicht besessen, um ihr eine immerwährende Bewegung zu verleihen. Der Mechanismus, den er geschaffen, ist so unvollkommen, dass er ihn von Zeit zu Zeit ausbessern muss wie ein schlechter Uhrmacher sein Werk."

Laplace entwickelte ausgefeilte mathematische Methoden, mit denen er zeigen konnte, dass Eingriffe Gottes im Himmelsgeschehen nicht vonnöten sind. Es läuft einzig und allein nach den von Newton konzipierten Gleichungen ab. Ob Gott in seinem Ohrensessel noch einen Blick auf das Weltgeschehen wirft oder aber eingeschlafen ist, ja ob er überhaupt existiert, spielt keine Rolle. Er brauche ihn nicht mehr, behauptete Laplace stolz gegenüber seinem Gönner Napoléon, nicht einmal als Hypothese. Eigentlich folgte Laplace mit dieser Aussage dem Grundsatz eines frommen Mönchs, der zugleich einer der brillantesten Denker des Mittelalters war: William von Ockham. Dieser prägte den Grundsatz „Entia non sunt multiplicanda praeter necessitatem", ins Deutsche übertragen: Begriffe, auf die man verzichten kann, soll man gar nicht verwenden. „Gott" war für Laplace ein solcher Begriff.

Pierre-Simon Laplace (1749–1827)

Laplace sah das Weltall noch als riesige mechanische Maschine, als ungeheuer kompliziertes Uhrwerk. Dieses Bild hat die Quantentheorie zwar grundlegend gewandelt. Ein Uhrwerk in dem Sinne, dass mathematische Gleichungen alles Geschehen im Universum so vorherbestimmen wie die Bewegung der Zahnräder in einer Uhr den Zeiger zum richtigen Lauf zwingen, ist das Weltall sicher nicht. Aber solche Korrekturen würden Laplace kalt lassen und ihn nicht von seiner Position abbringen. Weder die Relativitätstheorie noch die Quantentheorie zwingen ihn, seine These zu widerrufen, dass man Gott nicht mehr benötige. Auch wenn das Universum kein Uhrwerk ist, bleibt nach der Ansicht von Laplace das für ihn Wichtigste noch immer wahr: Erstens ist das Unendliche nicht mehr die Eigenschaft eines uns unnahbaren Gottes, sondern wir finden es hier, in dieser Welt. Und zweitens brauchen wir keinen Gott, um die Welt verstehen zu können, die Mathematik genügt dafür völlig.

Aber damit ist das letzte Wort noch nicht gesprochen.

Die Welt als Bühne

„Es muss etwa 1950 gewesen sein. Ich begleitete Einstein auf dem Weg vom Institute for Advanced Study zu seinem Haus. Plötzlich blieb er stehen und wandte sich an mich mit der Frage, ob ich wirklich glaube, dass der Mond nur dann existiere, wenn ich ihn betrachte." Mit dieser kleinen Anekdote beginnt Abraham Pais sein Buch „Raffiniert ist der Herrgott ...", eine wissenschaftliche Biographie Albert Einsteins. Wer die näheren Umstände nicht kennt, wird über die Frage Einsteins verwundert sein. Ein bisschen klarer sieht man, wenn man weiß, dass Abraham Pais, bevor er Einstein kennengelernt hatte, bei Niels Bohr in Kopenhagen studierte. Bohr und Einstein waren die beiden bedeutendsten Physiker des 20. Jahrhunderts, sie schätzten einander sehr, waren innig freundschaftlich verbunden, hatten jedoch völlig verschiedene Auffassungen vom Wesen der Welt.

Einstein war überzeugt, dass die Welt unabhängig von unserer Wahrnehmung vorhanden ist. Sie ist gleichsam eine riesige Bühne, in der sich ein kosmisches Schauspiel ereignet. Oft wird es, dramatisch überhöht, sehr vereinfacht, fast verfälscht, so erzählt: „Vor mehr als 13 Milliarden Jahren explodierten aus einem

Punkt heraus Raum, Zeit und Materie. Eine hunderttausendstel Sekunde nach diesem Urknall gab es im Wesentlichen nur Elektronen, Positronen, Neutrinos, Antineutrinos und Photonen in einer dichten, 100 Milliarden Grad heißen Brühe. Elf hunderttausendstel Sekunden später ist diese bereits auf 30 Milliarden Grad abgekühlt, es gibt bereits Neutronen und etwa doppelt so viele Protonen. Eine Sekunde später ist das Universum nur mehr 10 Milliarden Grad heiß ..."

Und die Geschichte setzt sich fort mit der Erzählung von der Geburt der ersten Sterne aus Wasserstoffgas, ihren Explosionen als Supernovae, bei denen eine Unzahl schwerer chemischer Elemente entstand, die sich zusammen mit Unmengen von Wasserstoff und Helium in den Weiten des Raumes verteilten. Es wird erzählt, wie Galaxien und Schwarze Löcher entstehen, es wird über die gewaltigen Energiemengen berichtet, die frei werden, wenn zwei Schwarze Löcher ineinanderstürzen. Es wird berichtet, dass die zweiten und dritten Generationen der Sterne manchmal um sich Planeten scharen, die sich aus den schweren Elementen zusammensetzen, welche einst die Supernovae bei ihrem Ausbruch in den Raum geschleudert hatten. Währenddessen sich das All ständig weiter ausdehnt und die Galaxien, jede mit 100 Milliarden oder gar noch mehr Sternen bestückt, auseinandergetrieben werden. All dies und noch viel mehr ereignet sich auf der Bühne des Kosmos.

Und der Mensch? Und des Menschen Geschichte? Was bedeutet er, welches Gewicht besitzt sie? Ist er doch nur flüchtig anwesend auf einem unscheinbaren blauen Planeten, der einen Stern mittlerer Größe umrundet, wobei sich dieser nur am Rande, in der Provinz der Milchstraße aufhält und mit Milliarden anderen gleichartigen Sternen um deren riesiges Schwarzes Loch im Zentrum kreist. Eine Milchstraße unter 100 Milliarden. „Ich sehe diese entsetzlichen Weiten des Weltalls, die mich einschließen, und ich finde mich an einem Winkel dieses gewaltigen Raums gefesselt, ohne dass ich weiß, warum ich an diesen Ort und nicht vielmehr an einen anderen gestellt bin und warum die kurze Frist, die mir zu leben gegeben ist, mir gerade zu diesem Zeitpunkt und nicht vielmehr zu einem anderen der ganzen Ewigkeit, die auf mich folgt, bestimmt ist. Ich sehe überall nur Unendlichkeiten, die mich wie ein Atom und wie einen Schatten einschließen, der nur einen unwiederbringlichen Augenblick lang dauert", lesen wir in den „Gedanken" von Blaise Pascal.

Einstein fand sich mit dem episodischen Dasein in einem winzigen, unscheinbaren Gehöft des gewaltigen Kosmos mit stoischer Ruhe ab. Ihm genügte es, eine Ahnung vom Wesen dieses gewaltigen Schauspiels aufgeschnappt zu haben. Ansonsten versuchte er, das kurze Leben, welches einem gegönnt ist, so gut es geht in Würde zu genießen.

Doch ein schaler Geschmack bleibt zurück, hat man sich in die Rolle eines Statisten beim kosmischen Schauspiel begeben, dessen Auftritt vor leeren Bänken in einem trostlosen Theater so erbärmlich beiläufig ist. Wenn der Mensch von seiner lächerlichen Nichtigkeit weiß, wenn er diese Botschaft in ihrer vollen Bedeutung aufnimmt, dann muss er „seine totale Verlassenheit, seine radikale Fremdheit erkennen. Er weiß nun, dass er seinen Platz wie ein Zigeuner am Rande des Universums hat, das für seine Musik taub ist und gleichgültig gegen seine Hoffnungen, Leiden oder Verbrechen", schrieb Jacques Monod in seinem berühmten Buch über „Zufall und Notwendigkeit".

Niels Bohr (1885–1962) zusammen mit Einstein

Bohr hingegen war von der Existenz der Welt, unabhängig vom erkennenden Subjekt, keineswegs überzeugt. Tatsächlich deuten einige Effekte der Quantentheorie darauf hin, dass erst die Wahrnehmung eines Phänomens dessen Vorhandensein bewirkt. Einstein hat Bohrs Sicht der Dinge zeitlebens nie behagt. Nimmt man sie nämlich für bare Münze, so fürchtete Einstein, müsste man schließlich auch der Meinung des im frühen 18. Jahrhundert lehrenden irischen Theologen George Berkeley sein, der behauptete: Wenn kein wahrnehmungsfähiges Wesen den Mond betrachtet, hat es auch keinen Sinn, von der Existenz des Mondes zu sprechen.

Hierauf bezog sich Einstein, als er Abraham Pais die eigenartige Frage nach dem Mond stellte.

Die Welt als Entwurf

„Esse est percipi", „Sein bedeutet Wahrgenommenwerden", ist der Grundsatz George Berkeleys. Die Kühnheit dieses Gedankens überwältigt: Nichts, buchstäblich gar nichts von der uns umgebenden Welt, so behauptet Berkeley, gibt es, wenn es nicht wahrgenommen wird. Weder existieren die Elementarteilchen, aus denen Materie und Kraftfelder bestehen, unabhängig von der Wahrnehmung, noch die Galaxien und Schwarzen Löcher im All. Weder gibt es die Lebewesen, die vor Jahrmillionen auf der Erde ihr Dasein fristeten, noch die sich in einigen Milliarden Jahren ereignende kosmische Katastrophe, wenn die Sonne endgültig verbrennen wird, außer man ist sich dieser Lebewesen, dieses Geschehens bewusst.

George Berkeley (1685–1753)

Was auf den ersten Blick unsinnig scheint. Denn niemand kann mit freiem Auge Elementarteilchen, niemand mit freiem Auge die Sterne ferner Galaxien sehen. Niemand war dabei, als Dinosaurier durch Sumpfwälder wateten, und das Zerbersten der Sonne in ein paar Milliarden Jahren wird wohl ohne Anwesenheit intelligenter Zeugen vor sich gehen. All dies scheint auf handfester Objektivität zu beruhen. Wie passt die scheinbar unabhängig vom Bewusstsein vorhandene Außenwelt mit Berkeleys eigenartiger Ansicht zusammen?

Schon Berkeleys Zeitgenossen fragten: Was geschieht mit einem Baum im Dickicht eines Waldes, der hinter dem Horizont aller Wanderer entschwindet? Gibt es ihn plötzlich nicht mehr? Dann könnte auch kein Geräusch zu den Wanderern dringen, wenn dieser Baum – den es Berkeley zufolge dann gar nicht gäbe – umfiele? Berkeley hatte als Theologe aber eine passende Ausrede parat: Der Baum wird im Wald immer wahrgenommen. Wenn nicht von Menschen, dann jedenfalls von Gott.

Man kann Berkeleys „Esse est percipi" aber auch ohne Bezug zu einem göttlichen Betrachter des Weltgeschehens ernst nehmen. Denn von all dem, das eben zuvor als objektiv in der Welt Vorhandenes geschildert wurde: die Elementarteilchen und die Schwarzen Löcher, die Dinosaurier und die Sonnenexplosionen, kennen wir in der Tat nur die gedanklichen Entwürfe. Zwar sind es Entwürfe von der Art, dass sie sich zu bewähren scheinen, ganz im Unterschied zu Vorstellungen von Gespenstern in schottischen Schlössern. Aber einen zureichenden Grund, dass dieses „Sich-zu-bewähren-Scheinen" das Vorhandensein einer vom Bewusstsein unabhängigen Außenwelt erzwingt, gibt es nicht.

Und was ist mit dem Naheliegenden, dem Offensichtlichen, dem spür- und hörbar Vorhandenen? Auch die Sinneseindrücke, mit denen wir uns sehend, hörend, tastend, riechend, schmeckend zu orientieren versuchen, mit denen wir erproben, ob sich unsere Entwürfe der Welt bewähren, gehören uns allein. Honig *ist* nicht süß, dass wussten schon die Denker der griechischen Antike, er *schmeckt* bloß süß. Tatsächlich ist es erst die Wahrnehmung, die Honig zu dem macht, was er ist.

Als Viktor Weisskopf, auch er wie Abraham Pais ein Schüler von Niels Bohr, in seinen späten Jahren an der Universität in Wien einen für interessierte Laien konzipierten Vortrag über die Prinzipien der modernen Physik hielt, fragte ihn am Ende des Vortrags einer der jungen anwesenden Studenten: „Die Physik lehrt uns doch, dass grünes Licht nichts anderes als einen Photonenstrom darstellt, bei dem sich der Zeiger der Photonen in einer Sekunde 540 Billionen Mal um die eigene Achse dreht. Was hat das mit meiner Empfindung von ‚grün' zu schaffen, wenn ich frisches Gras im Sonnenlicht sehe? Woher kann ich sicher sein, dass das Grün, welches ich empfinde, mit dem Grün, das Sie sehen, übereinstimmt?" Weisskopf überlegte eine Weile, murmelte versonnen „Was ist grün? Was ist grün?" und antwortete schließlich mit heiligem Ernst, sich offenkundig an den Deutschunterricht seiner alten Wiener Schulzeit erinnernd: „Grau, teurer Freund, ist alle Theorie, und grün des Lebens goldner Baum."

Viktor Weisskopf (1908–2002)

Goethes Vers nimmt den entscheidenden Gedanken vorweg, dem die Erkenntnistheorie der umsichtigen Denker Ernst von Glasersfeld und Heinz von Foerster zugrundeliegt: *Die Welt ist eine gedankliche Konstruktion.* Das Einzige, worauf es ankommt, ist, dass sich diese Konstruktion bewährt, von Glasersfeld sagt: dass die Konstruktion valide ist. Von einer Übereinstimmung mit der außerhalb des Bewusstseins befindlichen Welt zu sprechen, ist schlicht sinnlos. Denn die unabhängig von uns vorhandene Außenwelt, mit der wir vergleichen sollten, ist nichts als Chimäre.

Ähnlich dachte Edmund Husserl, ein von der Mathematik kommender Philosoph des frühen 20. Jahrhunderts: Die ganze räumlich-zeitliche Welt, der sich Mensch und menschliches Ich als untergeordnete Einzelrealitäten zurechnen, existiert bloß im Sinne eines Seins *für* ein Bewusstsein. Es ist ein Sein, welches das Bewusstsein in seinen Erfahrungen setzt – *darüber hinaus aber nichts.*

Hermann Weyl (1885–1955) und Helene Joseph (1891–1948)

Helene Joseph war zu Beginn des 20. Jahrhunderts eine Schülerin Husserls. Ihre Begeisterung für den beeindruckenden Lehrer teilte sie mit ihrem damaligen Verlobten und späteren Ehemann, dem jungen Professor Hermann Weyl. Er sollte nicht nur einer der bedeutendsten Mathematiker seines Jahrhunderts werden, er hatte sich, vor allem aufgrund der Diskussionen mit seiner Frau, eine umfassende philosophische Bildung angeeignet. Von Husserl und seiner Philosophie der „Phänomenologie" ausgehend, hat sich das Ehepaar Weyl mit dem Werk Johann Gottlieb Fichtes beschäftigt, eines noch viel radikaler denkenden Gelehrten des frühen 19. Jahrhunderts. *Das Ich setzt die Welt*, ist Fichtes unerschütterliche Überzeugung. Hermann Weyl schildert den Eindruck, den Fichte auf ihn machte, mit den folgenden Worten:

„Er ist alles andere als ein Phänomenologe, er ist ein Konstruktivist reinsten Wassers, der, ohne rechts und links zu schauen, seinen eigenwilligen Weg der Konstruktion geht. Er erinnert mich in vieler Hinsicht an Paulus. Dieselbe – wie soll ich es nennen – Klobigkeit des Denkens, das aber hinreißend ist durch seine feste Bestimmtheit. Dieselbe völlige Gleichgültigkeit gegen die Erfahrung – bei Paulus insbesondere gegenüber den Zeugnissen über das wirkliche Leben Christi. Derselbe halsstarrige, keinen Widerspruch duldende Glaube an eine verstiegene Konstruktion, der sich bei Fichte zum Beispiel in solchen Redewendungen äußert wie: ‚So muss es sein, und es kann nicht anders sein; darum ist es also', oder in dem Titel einer Schrift: ‚Sonnenklarer Bericht an das größere Publikum über das eigentliche Wesen der neuesten Philosophie; ein Versuch, die Leser zum Verstehen zu zwingen.' Gemeinsam ist beiden ihr Zelotentum, das bisweilen maßlose Beschimpfen der Andersdenkenden. Dogmatismus und Idealismus als die beiden einzig möglichen Philosophien einander gegenüberstellend, tut Fichte eine Äußerung, die wie ein Vorwegnehmen des Existenzialismus klingt: ‚Was für eine Philosophie man wählt, hängt davon ab, was man für ein Mensch ist'; aber sofort folgt der zelotische Kommentar: ‚Ein von Natur schlaffer oder durch Geistesknechtschaft, gelehrten Luxus und Eitelkeit erschlaffter und gekrümmter Charakter wird sich nie zum Idealismus erheben.'"

Wie Fichte seine Gedanken höchst spekulativ zu einem System zu formen versuchte, missfiel allerdings dem mathematisch geschulten Denker Weyl; er konnte Fichtes Erörterungen nur als „hanebüchen" bezeichnen. Den wesentlichen Fragen, die sich stellen, wenn man Berkeleys Ideen wirklich ernst nimmt, wich nämlich Fichte großzügig aus. Es sind dies Fragen wie die folgenden:

Erstens: Warum wird die Welt so manifest erfahren? Warum ist der Gedanke einer unabhängig von der Wahrnehmung bestehenden Außenwelt so verführerisch?

Und zweitens: Worauf ruht die Brücke, die sich spannt zwischen dem Ich, das die gesamte Welt als seine Wahrnehmung definiert, für das die Welt, die ganze Welt, nach einem Wort Martin Heideggers die je-meinige ist, und dem Ich, das als eines von vielen ein konkreter Mensch ist, von einer Mutter geboren und dem Tod preisgegeben, das sich als einzelner Verlorener in der Welt findet?

Das Unendliche als Grenzbegriff

Es wäre verstiegen, glaubte man, diese Fragen mit der Methode der Mathematik endgültig beantworten zu können. Aber leise Hinweise auf mögliche Lösungen gibt sie doch.

Im Unterschied zu allem anderen, das wir kennen, zeichnet sich die Mathematik durch die felsenfeste Sicherheit ihrer Resultate aus. Wenn ein mathematisches Ergebnis bewiesen worden ist, wird es für alle Zeiten gültig sein. Darin unterscheidet sich Mathematik fundamental von allen anderen Wissenschaften, zum Beispiel von der Biologie: Biologische Erkenntnisse werden fast immer innerhalb weniger Monate von der Fachwelt diskutiert und weiterentwickelt. Dass sich jemand auf einen Fachartikel beruft, der älter ist als ein paar Jahre, kommt selten vor. Denn schon nach wenigen Monaten gelten die meisten Artikel als veraltet. Mathematische Erkenntnisse hingegen haben kein Ablaufdatum. Ja es adelt sogar, wenn man längst bekannten, schon mit Patina versehenen Sätzen vor Jahrzehnten verstorbener Geistesgrößen neue Aspekte abgewinnen kann. Als gegen Ende des 20. Jahrhunderts in der mathematischen Gelehrtenwelt eine Umfrage nach den zehn „schönsten" Ergebnissen der Mathematik abgehalten wurde, stellte sich heraus: Bis auf zwei der „Top Ten" waren es Resultate, die weit über hundert Jahre zurückreichen. Drei von ihnen stammten sogar noch aus der griechischen Antike.

Wenn es überhaupt etwas Manifestes gibt, dann ist es mit Sicherheit die Mathematik.

Man könnte dagegenhalten, dass auch die Gesetze der Logik manifest seien. Aber bei der Logik sind deren Regeln im Grunde selbstverständlich. Kein Gesetz der Logik bietet Überraschungen.

Bei der Mathematik verhält es sich hingegen völlig anders: Nur wenn ein Resultat ein Moment der Überraschung bietet, ruft es Interesse hervor. Ein wenig überspitzt, aber nicht ganz unzutreffend könnte man sagen: Logik stellt jenen Vorbereich der Mathematik dar, der zu einfach ist, als dass man dafür Begeisterung entwickeln könnte.

Und worauf gründet die Sicherheit der Mathematik? Offenkundig darauf, dass der Prozess des Zählens, der mit eins anhebt und von jeder bislang genannten Zahl zur nächsten, um eins größeren Zahl voranschreitet, so unüberbietbar überzeugend ist. Man kann gar nicht anders zählen als auf diese Weise. Aber das Zählen ist ein Projekt, das nie zu Ende kommt. Darum können sich in ihm Geheimnisse verbergen, die zu lüften die Anstrengung der geistreichsten und klügsten Denker der Menschheit erfordert. Doch nie werden alle Geheimnisse erforscht sein – das Unendliche, das dem Zählprozess innewohnt, ist überwältigend.

Nirgends jedoch sind Zahlen sinnlich anzutreffen. Sie gründen in der Tat auf einer Erfindung des menschlichen Geistes. Allerdings auf einer solchen, die nur so und nie anders erfolgen konnte. Sodass die Illusion entsteht, Zahlen hätte es schon immer gegeben. Was natürlich Unsinn ist: In keiner vom Denken unabhängigen Außenwelt, sondern nur im Bewusstsein können sich Zahlen manifestieren.

So gesehen war es gar nicht George Berkeley, der als Erster die Idee entwickelte, nur das Wahrgenommene könne existieren. Pythagoras, der Erfinder der Mathematik, war schon dieser Überzeugung. Denn er sagte: Alles ist Zahl.

Hermann Weyl (1885–1955)

Das Unendliche allerdings, auf das der Zählprozess hinweist, ist keineswegs mit der gleichen Sicherheit handhabbar wie die Zahlen. Es ist vielmehr ein Grenzbegriff, der sich dem Zugriff menschlicher Wissbegier grundsätzlich entzieht. Mit einer Außenwelt, wie es noch Giordano Bruno, Pierre-Simon Laplace und viele andere glaubten, hat das Unendliche sicher nichts zu tun. Das Unendliche wird weder wahrgenommen, noch ist es verfügbar. Zwar gibt es mathematische Gelehrte, die meinen, auch das Unendliche könne den Methoden ihrer Wissenschaft unterworfen werden. Aber das ist sicher falsch. Das, was diese Mathematiker „unendlich" nennen, ist bloß eine Larve, dem der lebendige Inhalt dieses Begriffs entwichen ist. Hermann Weyl jedenfalls, dem wie kaum einem anderen Mathematiker des 20. Jahrhunderts die Tragweite und die Bedeutsamkeit des Unendlichen bewusst war, gehörte diesen Verdrängern und Verniedlichern nicht an.

Das Unendliche ist wieder dorthin entrückt, wo es zu Beginn erahnt wurde: jenseits unserer Vorstellungskraft.

Die Einheit des Bewusstseins

Die zweite Frage lautete: Wie hängt das Ich, welches die gesamte Welt als seine Wahrnehmung begreift und als sonst gar nichts, mit dem Ich zusammen, welches als eines unter vielen der Welt ausgeliefert ist? Hermann Weyl erörterte sie mit einer Analogie aus der Geometrie: Es gibt eine Zeichenebene, in der Punkte, Geraden, Kreise und andere geometrische Figuren ihren Platz finden. Von René Descartes und Pierre de Fermat lernen wir, dass man mithilfe eines Koordinatensystems die Orte von Punkten durch Zahlen und geometrische Figuren durch Gleichungen fassen kann. Jedes Koordinatensystem der Zeichenebene besteht aus zwei Achsen, die einander im Ursprung treffen. Von diesem Ursprung aus werden alle geometrischen Objekte betrachtet, auf diesen Ursprung und auf die von ihm ausgehenden Koordinatenachsen beziehen sich alle Zahlen, die als Koordinaten von Punkten dienen, und alle Gleichungen, die geometrische Figuren beschreiben.

Allerdings kann man jeden beliebigen Punkt der Zeichenebene als Ursprung festsetzen und durch ihn zwei voneinander verschiedene Geraden zeichnen, die man als Koordinatenachsen definiert. Diese Willkür entspricht der Tatsache, dass das Auge des Betrachters nur eines unter vielen ist. Aber der Betrachter kann alles auf sich beziehen: ein Koordinatensystem reicht, und die Geometrie der Zeichenebene ist erfasst.

Es mag sein, dass diese Sicht der Dinge in Diskussionen zwischen Weyl und seinem damals auch an der ETH in Zürich lehrenden Kollegen, dem Physiker Erwin Schrödinger entwickelt wurde. Schrödinger jedenfalls war vehementer Gegner jener Antwort auf die zweite Frage, welche Leibniz vorgeschlagen hatte: Der Schöpfer habe, so Leibniz, jeden einzelnen Menschen mit seiner jeweils ihm eigenen Welt geschaffen. Nur scheinbar leben sie alle in der gleichen Welt, in Wirklichkeit sind sie durch unüberbrückbare Abgründe voneinander getrennt. Der Schein eines Zusammenhanges werde durch einen eigenen Schöpfungsakt Gottes, der sogenannten „prästabilierten Harmonie", hergestellt. Ins Bild der Geometrie übertragen: Es wäre nicht so, dass sich jedes Koordinatensystem in der gleichen Zeichenebene befinde, sondern jedes Koordinatensystem besitze eine eigene Zeichenebene, in der es allein existiert. Und die Überfülle von Zeichenebenen sei übereinandergeschichtet wie ein Stapel unzählig vieler Blätter Papier.

So hat, Leibniz zufolge, zum Beispiel Gott unter den unendlich vielen Möglichkeiten die beiden Wesen Judas und Petrus zum Dasein erwählt. Beide müssen, jeder für sich, das Schicksal in den ihnen zugehörigen Welten auf sich nehmen. Das klingt, objektiv gesehen, recht elegant. Es zerbricht aber, so formuliert Weyl seine Skepsis gegenüber Leibniz, „vor dem Verzweiflungsschrei des Judas: Warum musste ich Judas sein!"

Schrödinger stellt dem Gedanken von Leibniz, jede einzelne Person wäre wie eine „fensterlose Monade" in der ihr eigenen Welt gefangen, ein versöhnlicheres Bild entgegen, das an Ahnungen von Denkern des Fernen Ostens erinnert: Das Bewusstsein gleicht einem großen Banyanbaum, der unzählige Luftwurzeln hat. Das „ich" sagende Erdenkind fühlt sich gleichsam als Hauptstamm des Baumes, und die sich nach allen Richtungen hin erstreckenden Luftwurzeln stellen die Beziehungen dieses einen Geschöpfs zu anderen, sich ebenfalls „ich" nennenden Menschenkindern dar. Ein ausgewachsener Banyanbaum wird wie ein riesiger Wald empfunden: Welche seiner unübersehbar vielen Luftwurzeln der Hauptstamm war, lässt sich nicht mehr erkennen. Der einstige Hauptstamm mag sogar schon vor Urzeiten verdorrt und zerfallen sein, ohne dass dabei der vom Banyanbaum geschaffene Wald aufgehört hätte, zu leben.

Allein die Tatsache, dass „Bewusstsein" ein Wort ist, das keine Mehrzahl kennt, ist in den Augen Schrödingers Indiz dafür, dass es – wenn man die Analogie der Geometrie noch einmal heranziehen möchte – nur eine einzige Zeichenebene mit beliebig vielen Koordinatensystemen auf ihr gibt.

Was daraus folgt, verdeutlicht ein Beispiel: Es ist schlicht atemberaubend, sich im Inneren des Petersdoms in Rom dem Hauptaltar zu nähern, die Augen zu Michelangelos Kuppel zu erheben und die Schrift im Tambour auf sich wirken zu lassen: In riesigen Lettern beginnt sie mit dem „TU ES PETRUS ...", mit dem „Du bist Petrus ...", mit dem 18. Vers aus dem 16. Kapitel des Evangeliums von Matthäus. Was bedeutet es, wenn man dies liest und vom einen, vom unteilbaren Bewusstsein überzeugt ist? Dann muss sich, wenn der Ruf „Du bist Petrus!" ertönt, jedes Ich angesprochen fühlen.

Genauso wie bei dem Ruf, und auch er ist erschallt: „Du bist Judas!"

Jenseits der Mathematik

Damit sind wir an den Rand dessen gelangt, was sich zu den genannten Fragen vernünftig sagen lässt. Denn Mathematik ist nichts Mystisches. Die Beziehung zur Mathematik würde Martin

Buber als exemplarische „Ich-Es“-Beziehung bezeichnen. Wie nichts Vergleichbares kann man alles in der Mathematik dem analytischen Verstand unterwerfen. Der „Ich-Es“-Beziehung stellt Buber die „Ich-Du“-Beziehung gegenüber, vor der jede gedankliche Analyse versagt. Was ein mathematisches Genie, wie es Hermann Weyl war, nicht hinderte, sich ihr zu öffnen:

„Vom späten Fichte kam ich auf Meister Eckehart, den tiefsten der abendländischen Mystiker. Trotz Verwandtschaft mit Plotin und dem Begriffsapparat der christlich-thomistischen Philosophie, die ihm zur Verfügung steht, kann man nicht an der Ursprünglichkeit seines religiösen Grunderlebnisses zweifeln: es ist die Eingießung der Gottheit in den Seelengrund, die er unter dem Bilde der Geburt des ‚Sohnes‘ oder des ‚Wortes‘ durch Gottvater beschreibt. Im Rückgang aus der Mannigfaltigkeit des Daseins muss die Seele aber nicht nur zu diesem ihrem Urbild zurückfinden, sondern auch durch das Urbild durchbrechen zur einzigen, in undurchdringlichem Schweigen wohnenden Gottheit. Wie souverän Eckehart mit dem Bibelwort umgeht, möge der Beginn einer Weihnachtspredigt illustrieren, die an Matthäus Kapitel 2, Vers 2, anknüpft: ‚Wo ist, der nun geboren ist, der König der Juden?‘ ‚Bemerkt zunächst‘, sagt er, ‚von dieser Geburt, wo sie geschehe? Ich behaupte aber, wie schon des Öfteren, dass diese ewige Geburt sich in der Seele genau in der Weise vollzieht wie in der Ewigkeit, gar nicht anders; denn es ist ein und dieselbe Geburt. Und zwar vollzieht sie sich im Wesen und im Grunde der Seele‘. Die Predigt schließt mit den Worten: ‚In diese Geburt helfe uns der Gott, der heute von Neuem als *Mensch* geboren ist, damit wir armen Erdenkinder in ihm als *Gott* geboren werden; dazu helfe er uns ewiglich! Amen.‘ Hier spricht, der Ton verrät es, ein Mensch von hoher Verantwortung und von ungleich größerem Adel als Fichte. Von allen geistigen Erlebnissen waren für mich die beglückendsten: als junger Student, 1905, das Studium von Hilberts großartigem ‚Bericht über die Theorie der algebraischen Zahlen‘ und 1922 die Lektüre von Eckehart, die mich während eines herrlichen Engadiner Winters gefangen hielt. Hier fand ich für mich nun auch den Zugang zur religiösen Welt."

Godfrey Harold Hardy und Hermann Weyl: Beide waren bedeutende Gelehrte, Sterne erster Klasse am mathematischen Firmament. In Fragen der Religion hätte keiner von ihnen den anderen verstanden.

„Wat den Eenen sin Uhl', ist den Annern sin Nachtigall."

Ausgewählte Literatur

Mathematik und der Himmel

Born, Max: Die Relativitätstheorie Einsteins. Springer, Heidelberg 1922

Danjon, André: Astronomie générale – astronomie sphérique et éléments de mécanique céleste. J. et R. Sennac, Paris 1959

Haber, Heinz: Der offene Himmel. Deutsche Verlagsanstalt, Stuttgart 1968

Haber, Heinz: Lebendiges Weltall. Buch- und Zeit Verlagsgesellschaft, Köln 1967

Haber, Heinz/Knapp, Wolfram: Professor Habers Sternatlas – Photographische Karten des ganzen Himmels. Kösel, München 1981

Künzl, Ernst: Himmelsgloben und Sternkarten – Astronomie und Astrologie in Vorzeit und Altertum. Theiss, Stuttgart 2005

Oberhummer, Heinz: Kann das alles Zufall sein? Ecowin, Salzburg 2008

Pannekoek, Anton: A History of Astronomy, Dover, New York 1961

Perrey, Werner: Sternbilder und ihre Legenden. Urachhaus, Stuttgart 2007

Pinter, Christian: Helden des Himmels – Geschichten vom Kosmos und seinen Entdeckern. Kremayr & Scheriau, Wien 2009

Schadewaldt, Wolfgang: Sternsagen – die Mythologie der Sternbilder. Insel, Frankfurt am Main 2002

Schrödinger, Erwin: Die Natur und die Griechen. Rowohlt, Reinbek 1956

Strubecker, Karl: Einführung in die höhere Mathematik I. Oldenbourg, München 1956

Taschner, Rudolf: Zahl Zeit Zufall – alles Erfindung? Ecowin, Salzburg 2007

Weyl, Hermann: Raum, Zeit, Materie – Vorlesungen über Allgemeine Relativitätstheorie. Springer, Heidelberg 1921

Whittaker, Edmund Taylor: A History of the theories of aether and electricity. Longman, Green and Co., Dublin 1910

Wußing, Hans: 6000 Jahre Mathematik – eine kulturgeschichtliche Zeitreise. Springer, Berlin 2008

Mathematik und Kunst

Beutelspacher, Albert/Petri, Bernhard: Der Goldene Schnitt. Springer, Heidelberg 1996

Doczi, Gyorgy: The Power of Limits – Proportional Harmonies in Nature, Art, and Architecture, Shambhala, Boston 1981
Drechsler, Wolfgang (Hrsg.): Genau und anders – Mathematik in der Kunst von Dürer bis Sol LeWitt. Verlag für moderne Kunst, Nürnberg 2008
Fredel, Jürgen: Maßästhetik – Studien zu Proportionsfragen und zum Goldenen Schnitt. Lit, Hamburg 1998
Ghyka, Matila: The Geometry of Art and Life. Dover, New York 1977
van der Grinten, Franz Joseph/Mennekes, Friedhelm: Abstraktion – Kontemplation – Auseinandersetzung mit einem Thema der Gegenwartskunst. Katholisches Bibelwerk, Stuttgart 1987
Herz-Fischler, Roger: A Mathematical History of the Golden Number. Dover, New York 1998
Hofstadter, Douglas R.: Gödel, Escher, Bach – An Eternal Golden Braid. Basic Books, New York 1979
Houten, Kees van/Kasbergen, Marinus: Bach et le nombre – une recherche sur la symbolique des nombres et les fondements ésotériques de ceux-ci dans l'oeuvre de Johann Sebastian Bach. Mardaga, Liège 1992
Locher, Johannes L. (Hrsg.): Leben und Werk M. C. Escher – mit dem Gesamtverzeichnis des graphischen Werks. Rheingauer Verlagsgesellschaft, Eltville am Rhein 1984
Schattschneider, Doris/Emmer, Michele (Hrsg.): M. C. Escher's Legacy – A Centennial Celebration. Springer, Berlin 2003
van der Schoot, Albert: Die Geschichte des goldenen Schnitts – Aufstieg und Fall der göttlichen Proportion. Frommann-Holzboog, Stuttgart 2005
Sigmund, Karl/Dawson, John/Mühlberger, Kurt: Kurt Gödel – das Album. Vieweg, Wiesbaden 2006
Simmen, Jeannot: Kasimir Malewitsch – das schwarze Quadrat – vom Anti-Bild zur Ikone der Moderne. Fischer, Frankfurt am Main 1997
de Smit, Bart/Lenstra Jr., Hendrik W.: The Mathematical Structure of Escher's Print Gallery. Notices of the AMS 50 (2003), 446–451
Taschner, Rudolf: Musil, Gödel, Wittgenstein und das Unendliche. Picus, Wien 2002
Tatlow, Ruth: Bach and the riddle of the number alphabet. Cambridge University Press, Cambridge 1991
Walser, Hans: Der Goldene Schnitt. Edition am Gutenbergplatz, Leipzig 2009

Mathematik und das Leben

Brouwer, Luitzen Egbertus Jan: Intuitionismus. Hrsg. von Dirk van Dalen. BI-Wissenschaftsverlag, Mannheim 1992 van Dalen, Dirk: L. E. J. Brouwer – Mystic, Geometer, and Intuitionist, I, II. Clarendon Press, Oxford 1999 und 2005

Fischer, Ernst P.: Am Anfang war die Doppelhelix – James D. Watson und die neue Wissenschaft vom Leben. Ullstein, Berlin 2003

Fischer, Ernst P.: Das Genom. Fischer, Frankfurt am Main 2004

Gumbrecht, Hans Ulrich et al.: Geist und Materie – Was ist Leben? Zur Aktualität von Erwin Schrödinger. Suhrkamp, Frankfurt am Main 2008

Lorenz, Edward N.: Deterministic nonperiodic flow. J. Atmos. Sci. 20 (1963), 130–141

Schrödinger, Erwin: Was ist Leben? – Die lebende Zelle mit den Augen des Physikers betrachtet. A. Francke Verlag, Tübingen 1946

Taschner, Rudolf: Die Zahlen und das Lebendige. Wiener Klinische Wochenschrift 114 (2002), 748–751

Taschner, Rudolf: Intuition und mathematische Erkenntnis. In: Schmidinger, Heinric/Sedmak, Clemens (Hrsg.): Der Mensch – ein kreatives Wesen? Kunst – Technik – Innovation. Wissenschaftliche Buchgesellschaft, Darmstadt 2008

Taschner, Rudolf: The Continuum. Vieweg, Wiesbaden 2005

Watson, James D.: Die Doppelhelix – ein persönlicher Bericht über die Entdeckung der DNS-Struktur. Mit einer Einführung von Heinz Haber. Rowohlt, Reinbek 1993

Weyl, Hermann: Philosophie der Mathematik und Naturwissenschaft. Oldenbourg, München 1966 (um Anhänge wesentlich erw. 3. Aufl. der Originalausgabe 1927)

Mathematik und Wirtschaft

Ambrosius, Gerold/Petzina, Dieter/Plumpe, Werner (Hrsg.): Moderne Wirtschaftsgeschichte – eine Einführung für Historiker und Ökonomen. Oldenbourg, München 2006

Adelmeyer, Moritz/Warmuth, Elke: Finanzmathematik für Einsteiger – Von Anleihen über Aktien zu Optionen. Vieweg, Wiesbaden 2005

Delbaen, Freddy/Schachermayer, Walter: The Mathematics of Arbitrage. Springer, New York 2006

Ferguson, Niall: The Ascent of Money – A Financial History of the World. Penguin, New York 2008

Galbraith, John Kenneth: Die Ökonomie des unschuldigen Betrugs – Vom Realitätsverlust der heutigen Wirtschaft. Siedler, 2005

Hausmann, Wilfried/Diener, Kathrin/Käsler, Joachim: Derivate, Arbitrage und Portfolio-Selection – Stochastische Finanzmarktmodelle und ihre Anwendungen. Vieweg, Wiesbaden 2002

Katz, Victor J. (Hrsg.): The Mathematics of Egypt, Mesopotamia, China, India, and Islam – A Sourcebook. Princeton University Press, Princeton 2007
Piper, Nikolaus: Geschichte der Wirtschaft. Beltz, Weilheim 2002
Schachermayer, Walter: Die Rolle der Mathematik auf den Finanzmärkten. In: Aigner, Martin/Behrends, Ehrhard (Hrsg.): Alles Mathematik – von Pythagoras zum CD-Player. Vieweg, Wiesbaden 2008
Tietze, Jürgen: Einführung in die Finanzmathematik. Vieweg, Wiesbaden 2009

Mathematik und das Licht

Bergmann, Ludwig/Schaefer, Clemens/Niedrig, Heinz: Lehrbuch der Experimentalphysik, Band 3 – Optik. Walter de Gruyter, Berlin 2004
Ekeland, Ivar: The Best of All Possible Worlds – Mathematics and Destiny. The University of Chicago Press, Chicago 2006
Feynman, Richard P.: QED – the Strange Theory of Light and Matter. Princeton University Press, Princeton 1988
Feynman, Richard P.: Quantenelektrodynamik – eine Vorlesungsmitschrift. Oldenbourg, München 1997
Hecht, Eugene: Optik. Oldenbourg, München 2005
Landau, Lew D./Lifschitz, Ewgeni M.: Lehrbuch der theoretischen Physik, Band 1 – Mechanik. Harri Deutsch, Frankfurt am Main 1997
Leibniz, Gottfried Wilhelm: Die Theodizee. Meiner Verlag, Hamburg 1968
Nadler, Steven M.: The Best of All Possible Worlds – A Story of Philosophers, God, and Evil. Farrar, Straus and Giroux, New York 2008
Siegel, Carl Ludwig: Vorlesungen über Himmelsmechanik. Springer, Heidelberg 1956
Voltaire: Candide oder der Optimismus. Büchergilde Gutenberg, Frankfurt am Main 1964

Mathematik und Moral

Axelrod, Robert: Die Evolution der Kooperation. Oldenbourg, München 1991
Jungk, Robert: Heller als tausend Sonnen – das Schicksal der Atomforscher. Scherz, Bern 1956
Macrae, Norman: John von Neumann. Pantheon, New York 1992
Mehlmann, Alexander: Strategische Spiele für Einsteiger – eine verspielt-formale Einführung in Methoden, Modelle und Anwendungen der Spieltheorie. Vieweg, Wiesbaden 2007
Mehlmann, Alexander: Wer gewinnt das Spiel? Vieweg, Wiesbaden 1997
Menger, Karl: Moral, Wille und Weltgestaltung. Springer, Wien 1934

von Neumann, John: Zur Theorie der Gesellschaftsspiele. Mathem. Annalen 100 (1928), 295–320
von Neumann, John/Morgenstern, Oskar: Theory of Games and Economic Behaviour. Princeton University Press, Princeton 1944
Nowak, Martin/Sigmund, Karl: Tit for Tat in Heterogeneous Populations. Nature 355 (1992), 250–253
Nowak, Martin/May, Robert/Sigmund, Karl: The Arithmetics of Mutual Help. Scientific American (1995), 76–81
Poundstone, William: Prisoners Dilemma – John von Neumann, Game Theory and the Puzzle of the Bomb, Doubleday, New York 1992
Rapoport, Anatoli/Chammah, Albert M.: The Prisoners Dilemma. University of Michigan Press, Ann Arbor 1965
Sigmund, Karl: Eine kurze Geschichte des Nash-Gleichgewichts. In: Aigner, Martin/Behrends, Ehrhard (Hrsg.): Alles Mathematik – von Pythagoras zum CD-Player. Vieweg, Wiesbaden 2008
Sigmund, Karl: Spielpläne – Zufall, Chaos und die Strategien der Evolution. Hoffmann und Campe, Hamburg 1993

Mathematik und die Schöpfung

Arnold, Norbert et al.: Schöpfungsglaube und Evolutionsbiologie. Konrad-Adenauer-Stiftung, Berlin 2008
Berry, Robert J.: Adam und der Affe – Gott, die Bibel und die Evolution. Claassen, Düsseldorf 1989
Britton, Nicholas F.: Essential Mathematical Biology. Springer, New York 2004
Darwin, Charles: The Descent of Man, and Selection in Relation to Sex. John Murray, London 1871
Darwin, Charles: The Origin of Species By Means of Natural Selection or the Preservation of Favoured Races in the Struggle for Life. John Murray, London 1859
Feller, William: An Introduction to Probability Theory and Its Applications I. John Wiley & Sons, New York 1968
Gould, Stephen Jay: The structure of evolutionary theory. Harvard University Press, Cambridge, Mass. 2002
Jahn, Ilse: Geschichte der Biologie. Spektrum Akademischer Verlag, Heidelberg 2000
Jaspers, Karl: Der philosophische Glaube. Piper, München 1948
Junker, Thomas: Geschichte der Biologie – die Wissenschaft vom Leben. Beck, München 2004
Lederhilger, Severin J. (Hrsg.): Mit Gott rechnen – die Grenzen von Naturwissenschaft und Theologie. Peter Lang, Frankfurt am Main 2006

Mayr, Ernst: Artbegriff und Evolution. Parey, Hamburg 1967
Neuweiler, Gerhard: Und wir sind es doch – die Krone der Evolution. Wagenbach, Berlin 2009
Schönborn, Christoph: Schöpfung und Evolution – zwei Paradigmen und ihr gegenseitiges Verhältnis. Picus, Wien 2009
Storch, Volker/Welsch, Ulrich/Wink, Michael: Evolutionsbiologie. Springer, Heidelberg 2007
Tarassow, Lew W.: Wie der Zufall will? Vom Wesen der Wahrscheinlichkeit. Spektrum Akademischer Verlag, Heidelberg 1998
Wuketits, Franz M.: Darwin und der Darwinismus. Beck, München 2005

Mathematik und Klang

Ashton, Anthony: Harmonograph – A Visual Guide to the Mathematics of Music. Walker & Co., New York 2003
Assayag, Gerard/Feichtinger, Hans-Georg/Rodrigues Jose-Francisco (Hrsg.): Mathematics and Music – A Diderot Mathematical Forum. Springer, New York 2002
Benary, Peter: Musik und Zahl. Nepomuk, Basel 2001
Fauvel, John/Flood, Raymond/Wilson, Robin (Hrsg.): Music and Mathematics – From Pythagoras to Fractals. Oxford University Press, Oxford 2003
Haase, Rudolf: Die harmonikalen Wurzeln der Musik. Lafite, Wien 1969
Hammel, Trudi/Kahn, Charity Vaughan: Math and Music – Harmonious Connections. Dale Seymour, Menlo Park 1995
Jeans, James H.: Science and Music. Dover, New York 1968
Mazzola, Guerino: Topos of Music – Geometric Logic of Concepts, Theory, and Performance. Birkhäuser, Basel 2002
Pierce, John Robinson: The Science of Musical Sound. W. H. Freeman & Company, New York 1992
Proust, Dominique: L'harmonie des sphères. Seuil, Paris 2001
Taschner, Rudolf: Der Zahlen gigantische Schatten. Vieweg, Wiesbaden 2005

Mathematik und der Fußball

Atiyah, Michael/Sutcliffe, Paul: Polyhedra in Physics, Chemistry and Geometry. Milan J. Math 71 (2003), 33–58
Augustin, Eduard/Zaschke, Christian/von Keisenberg, Philipp (Hrsg.): Fußball unser. Süddeutsche Zeitung – Bibliothek, München 2008
Beutelspacher, Albrecht/Wagner, Marcus/Zimmermann, Anna: Wie man durch eine Postkarte steigt. Herder, Freiburg 2008

Biermann, Christoph: Fast alles über Fußball. Kiepenheuer & Witsch, Köln 2005
Braungardt, Volker/Kotschick, Dieter: Die Klassifikation von Fußballmustern. Math. Semesterberichte 54 (2007), 53–68
Coxeter, Harold/Scott, MacDonald: Regular Polytopes. Dover, New York 1973
Glaeser, Georg/Polthier, Konrad: Bilder der Mathematik. Spektrum Akademischer Verlag, Heidelberg 2009
Glaeser, Georg: Geometrie und ihre Anwendungen – in Kunst, Natur und Technik. Spektrum Akademischer Verlag, Heidelberg 2007
Hirsch, Andrea/Brettreich, Michael: Fullerenes – Chemistry and Reactions. Wiley-VCH, Weinheim 2005
Strey, Karsten: Die Welt der Fullerene. Lehmanns Media, Berlin 2009
Weigand, Hans-Georg (Hrsg.): Fußball – eine Wissenschaft für sich. Königshausen & Neumann, Würzburg 2006
Weyl, Hermann: Symmetry. Princeton University Press, Princeton, NJ 1952
Wittmann, Erich Christian: Elementargeometrie und Wirklichkeit, Vieweg & Teubner, Braunschweig 1987

Mathematik und Religion

Eckhart von Hochheim, Meister Eckhart: Mystische Schriften. Insel, Frankfurt am Main 2008
Eckhart von Hochheim, Meister Eckhart: Deutsche Predigten und Traktate. Diogenes, Zürich 1993
Fichte, Johann Gottlieb: Grundlage der gesammten Wissenschaftslehre und Grundriß des Eigenthümlichen der Wissenschaftslehre in Rücksicht auf das theoretische Vermögen. Cotta, Tübingen 1802
Fichte, Johann Gottlieb: Die Anweisung zum seeligen Leben, oder auch die Religionslehre. In Vorlesungen gehalten zu Berlin, im Jahre 1806.
Hardy, Godfrey Harold: A Mathematician's Apology. Cambridge University Press, Cambridge 1940.
Husserl, Edmund: Ideen zu einer reinen Phänomenologie und phänomenologischen Philosophie – Allgemeine Einführung in die reine Phänomenologie. Niemeyer, Halle an der Saale 1913
Küppers, Bernd-Olaf: Nur Wissen kann Wissen beherrschen – Macht und Verantwortung der Wissenschaft. Fackelträger, Köln 2008
Rohs, Peter: Johann Gottlieb Fichte. Beck, München 2007
Ruh, Kurt: Meister Eckhart – Theologe, Prediger, Mystiker. Beck, München 1989
du Sautoy, Marcus: Die Musik der Primzahlen – Auf den Spuren des größten Rätsels der Mathematik. Beck, München 2003

Searle, John R.: Geist – eine Einführung. Suhrkamp, Frankfurt am Main 2006
Singh, Simon: Fermats letzter Satz – die abenteuerliche Geschichte eines mathematischen Rätsels. Hanser, München 1998
Snow, Charles Percy: Variety of Men. Macmillan, London 1967
Welte, Bernhard: Meister Eckhart – Gedanken zu seinen Gedanken. Herder, Freiburg im Breisgau 1979
Weyl, Hermann: Erkenntnis und Besinnung (Ein Lebensrückblick). Studia Philosophica. Jahrbuch der Schweizerischen Philosophischen Gesellschaft – Annuaire de la société Suisse de Philosophique, Verlag für Recht und Gesellschaft, Basel 1954

Abbildungsnachweis

Porträts:

Berkeley George © SCIENCE PHOTO LIBRARY/picturedesk.com
Bohr Niels – Einstein © Süddeutsche Zeitung Photo/picturedesk.com
Brouwer Luitzen Egbertus Jan © Courtesy of the Brouwer Archive, Utrecht University
Brunelleschi Filippo © Wikimedia
Bruno Giordano © SCIENCE PHOTO LIBRARY/picturedesk.com
Cuvier Georges © SCIENCE PHOTO LIBRARY/picturedesk.com
Darwin Charles © SCIENCE PHOTO LIBRARY/picturedesk.com
Einstein Albert © Schmutzer, Ferdinand/ONB Bildarchiv/picturedesk.com
Euler Leonhard © KPA/picturedesk.com
Fermat Pierre de © Süddeutsche Zeitung Photo/picturedesk.com
Feynman Richard © SCIENCE PHOTO LIBRARY/picturedesk.com
Fourier Jean Baptiste Joseph © ullstein bild/picturedesk.com
Galilei Galileo © Erich Lessing
Gödel Kurt © Anonym/Imagno/picturedesk.com und Rudolf Taschner
Hardy Godfrey Harold © Kurt Hutton/Hulton Archive/Getty Images
Helmholtz Hermann von © Süddeutsche Zeitung Photo/picturedesk.com
Huygens Christiaan © ullstein bild/picturedesk.com
Jaspers Karl © Hervé GLOAGUEN/Rapho/eyedea/picturedesk.com
Kepler Johannes © SCIENCE PHOTO LIBRARY/picturedesk.com
Lamarck Jean-Baptiste de © SCIENCE PHOTO LIBRARY/picturedesk.com
La Mettrie Julien Offray de © ullstein bild/picturedesk.com
Laplace Pierre-Simon © ullstein bild/picturedesk.com
Leibniz Gottfried Wilhelm © SCIENCE PHOTO LIBRARY/picturedesk.com
Linné Carl von © INTERFOTO/picturedesk.com
Morgenstern Oskar © Ralph Morse/Time Life Pictures/Getty Images
Nash John F. © Elke Wetzig Wikimedia
Neumann John von © SCIENCE PHOTO LIBRARY/picturedesk.com
Neumann John von, mit Studenten © Alfred Eisenstaedt/Time & Life Pictures/Getty Images
Pascal Blaise © Süddeutsche Zeitung Photo/picturedesk.com

Pauling Linus © Everett Collection/picturedesk.com
Pythagoras von Samos © Courtesy of Smithsonian Institution Libraries, Washington, DC
Schrödinger Erwin © Mary Evans/picturedesk.com
Snell van Rojen Willebrord © ONB Bildarchiv/picturedesk.com
Voltaire © ullstein bild/picturedesk.com
Weisskopf Viktor © Gjon Mili/Time Life Pictures/Getty Images
Weyl Hermann – Joseph Helene © Bildarchiv des Mathematischen Forschungsinstituts Oberwolfach
Weyl Hermann © ullstein bild/picturedesk.com
Zuse Konrad © ONB Bildarchiv/picturedesk.com

Abbildungen:

Bart de Smit/Hendrik W. Lenstra jr., Universität Leiden, www.escherdroste.math.leidenuniv.nl: Abb. 12 unten
Bart de Smit/Hendrik W. Lenstra jr., Universität Leiden, www.escherdroste.math.leidenuniv.nl/Prof. Rudolf Taschner, Wien: Abb. 13
Erich Lessing Culture and Fine Arts Archives, Wien: Abb. 38
Erich Lessing Culture and Fine Arts Archives, Wien/Prof. Rudolf Taschner, Wien: Abb. 8, 14, 54
Prof. Rudolf Taschner, Wien: Abb. 1–7, 15–37, 39–53
Luc Viatour/Prof. Rudolf Taschner, Wien: Abb. 9
2009 The M.C. Escher Company-Holland. All rights reserved. www.mcescher.com: Abb. 10–12 oben

Farbtafeln:

Prof. Rudolf Taschner, Wien: Animationen Satz des Pythagoras, Quadrate in unendlicher Reihe, Goldener Schnitt, CD-Scheibe
Luc Viatour: Der Mensch des Vitruv
Erich Lessing Culture and Fine Arts Archives, Wien: alle übrigen

Register

Archimedes 77, 120
Aristarch von Samos 21
Aristoteles 11–16, 18, 21, 63, 98, 171
Arius 23

Bach, Johann Sebastian 38, 39
Bacher, Bob 104
Barks, Carl 37
Berkeley, George 54, 55, 183, 184, 187, 189
Bernoulli, Jakob 65, 127, 129
Bernstein, Leonard 135
Bessel, Friedrich Wilhelm 22
Bethe, Hans 104
Bohr, Niels 180, 182, 184
Brahe, Tycho de 22
Brahms, Johannes 115
Brouwer, Luitzen Egbertus Jan 55, 56
Brubeck, Dave 135
Brunelleschi, Filippo 14, 175
Bruno, Giordano 23, 24, 119, 122, 125, 176, 190
Buber, Martin 193

Chargaff, Erwin 48, 50
Crick, Francis 48–50
Crowe, Russell 108
Cuvier, Georges 123

Darboven, Hanne 46
Darwin, Charles 23, 118, 121–125, 129–131
Dawkins, Richard 117
Descartes, René 50, 190
Disney, Walt 39
Doyle, Arthur Conan 106
Dunstable, John 146
Dürer, Albrecht 44

Echnaton 171
Eckehart, eigtl. Eckhart von Hochheim 193
Einstein, Albert 17, 39, 80, 81, 180, 182, 183
Empedokles 11, 15
Escher, Maurits Cornelis 38–44
Euklid 170
Euler, Leonhard 162, 163

Falcon, Albert 44
Fejér, Leopold 100, 101
Fermat, Pierre de 71, 72, 75, 78–80, 94, 125–127, 168, 169, 190
Feynman, Richard 81, 83, 92–94, 104
Fichte, Johann Gottlieb 186, 187, 193
Foerster, Heinz von 185
Foucault, Jean Bernard Léon 80
Fourier, Jean Baptiste Joseph 146–148
Franz Joseph I. 99
Freud, Sigmund 23, 24
Friedrich II. 96
Fuchs, Erika 133
Fuller, Richard Buckminster 161, 162

Galilei, Galileo 22, 23, 72, 73, 118–120, 122, 125
Gauß, Carl Friedrich 165
Geoffroy Saint-Hilaire, Étienne 123
Gibbs, Josiah Willard 148, 149
Glasersfeld, Ernst von 185
Gloy, Karen 118
Gödel, Kurt 38, 39, 102
Goethe, Johann Wolfgang von 185
Goodwin, Edward J. 120

Hahn, Hans 107
Hahn, Otto 103
Hardy, Godfrey Harold 165–169, 194
Haydn, Joseph 14, 39
Heath, James R. 161
Heidegger, Martin 187
Helbing, Dirk 113
Helmholtz, Hermann von 140, 142, 143, 146, 147
Heraklit 51
Hertz, Heinrich 139
Hilbert, David 101, 102, 193
Hippokrates 13
Hitler, Adolf 103, 105
Hofmannsthal, Hugo von 13, 45
Hofstadter, Douglas R. 38, 39
Humboldt, Wilhelm von 167
Husserl, Edmund 185, 186
Huygens, Christiaan 15–17, 80

Jaspers, Karl 119, 125
Johannes, Evangelist 13, 172
Joseph, Helene 186
Joyce, James 45
Judas 191, 192

Kanitscheider, Bernulf 98
Kepler, Johannes 23, 31
Kerner von Marilaun, Anton 122
Kolumbus, Christoph 21
Kroto, Harold 161
Küppers, Bernd-Olaf 118
Kurzweil, Ray 51

Lamarck, Jean-Baptiste de 124, 130
Lambert, Johann Heinrich 54
La Mettrie, Julien Offray de 50, 51, 58
Landau, Edmund 149
Landau, Lew Dawidowitsch 95
Laplace, Pierre-Simon 169, 179, 180, 190
Le Corbusier 35
Lehár, Franz 39
Leibniz, Gottfried Wilhelm 39, 54, 71, 95, 96, 98, 165, 179, 191
Lenstra, Hendrik Willem 42, 43
Leonardo da Vinci 36, 44, 175
Linné, Carl von 122–124
Lipperhey, Johannes 73
Littlewood, John Edensor 166
Lorant, Werner 152
Lorenz, Edward Norton 57
Lotter, Hieronymus 35
Lukas, Evangelist 13
Lumet, Sidney 152
Luther, Martin 63

Malewitsch, Kasimir Sewerinowitsch 45, 46
Markus, Evangelist 13
Matthäus, Evangelist 13, 192, 193
Meitner, Lise 103
Menger, Carl 107
Menger, Karl 107
Mersenne, Marin 140
Merz, Mario 46
Michelangelo 192
Mises, Richard von 126
Möbius, August Ferdinand 40
Monod, Jacques 182

Morgenstern, Oskar 106, 107
Mozart, Wolfgang Amadeus 39
Musil, Robert 89

Napoléon 179
Nash, John F. 108–110
Neumann, János Lajos 99, 101
Neumann, Johann von 99–105, 107–109, 115, 116
Neumann, Max 99, 100
Newton, Isaac 17, 23, 52, 54, 55, 76–81, 86, 88, 89, 94, 147, 178, 179

Oberhummer, Heinz 17
Obermayr, Helmut 118
Oresme, Nicole 173
Osawa, Eiji 161

Pacioli, Luca 36
Pais, Abraham 180, 183, 184
Pannenberg, Wolfhart 118
Pascal, Blaise 125–127, 182
Pauling, Linus 48, 50
Paulus, Apostel 187
Perikles 34
Petrus, Apostel 191, 192
Piero della Francesca 44
Plotin 193
Pythagoras 15, 18–21, 29, 33, 59, 139, 140, 145, 146, 189

Ramanujan, Srinivasa 166
Reiss, Michael 117, 118, 122
Riemann, Bernhard 167–169

Sautoy, Marcus du 168
Schönborn, Christoph 118, 122
Schrödinger, Erwin 47, 48, 50, 54, 191, 192
Schubert, Franz 98
Schwilgué, Jean-Baptiste 178
Siegel, Carl Ludwig 95
Sigmund, Karl 113
Singh, Simon 168
Smit, Bart de 42, 43
Smith, Adam 68
Snell van Rojen, Willebrord 74–76, 79, 94
Speck, Paul 35

Teller, Edward 116
Tetens, Holm 51
Thales von Milet 30
Thirring, Walter 118
Thomas von Aquin 63, 178
Tucker, Albert William 110

Vitruv 36
Vollmer, Gerhard 51
Voltaire 96

Wagner, Richard 45
Waldo, Clarence A. 120
Watson, James 48–50
Weisskopf, Viktor 184, 185
Weyl, Hermann 186, 187, 189–191, 193, 194
Wheeler, Archibald 81
Wiedemann, Paul 35
Wilbraham, Henry 148, 149
Wiles, Andrew 168
William von Ockham 179

Yu, Wenjian 113

Zeilinger, Anton 162
Zenon 55, 56
Zuse, Konrad 104

Die Rückkehr des guten Geschmacks.

Gruber, Werner
„DIE GENUSSFORMEL“
304 Seiten, EUR 21,90
ISBN: 978-3-902404-59-6

»Kochen wie McGyver. Jahrelang tüftelte der Physiker und Hobbykoch Werner Gruber an der Lösung der kulinarischen Alltagsprobleme. (...)
›Die Genussformel‹ wurde eine Art Heiliger Gral der Kochkunst.«

Salzburger Nachrichten

Wie gelingt das saftigste und knusprigste Grillhuhn der Welt? Was macht den Semmelknödel erst besonders flaumig? Wie löst man das Wiener Rosinengugelhupfproblem? Welche Speisen gelingen in der physikalischen Blitzküche? Was ist eine perfekte Weihnachtsgans? Und wie gewinnt man garantiert an jedem Buffet?
Werner Gruber erklärt mit unglaublichem Fachwissen die kleinen chemischen und physikalischen Tricks der großen Köche und räumt dabei gleich mit so manchen populären Kochirrtümern auf. Und wenn der Star der Molekularküche Ferran Adrià sagt: „Ernährung = Essen + Emotion“, dann geht Werner Gruber einen Schritt weiter und sagt: „Genuss ist relativ.“

Spannend.